辽宁省自然科学基金面上项目(2022-MS-277)
教育部产学研创新基金(2021LDA06012)
国家自然科学基金项目(U20A20187)

板带轧制过程控制系统及中厚板智能剪切关键技术研究

曹剑钊　李　旭　著

中国矿业大学出版社
·徐州·

图书在版编目(CIP)数据

板带轧制过程控制系统及中厚板智能剪切关键技术研究 / 曹剑钊，李旭著. — 徐州 ：中国矿业大学出版社，2022.11

ISBN 978 - 7 - 5646 - 5578 - 5

Ⅰ. ①板… Ⅱ. ①曹…②李… Ⅲ. ①板材轧制－过程控制－自动控制系统－研究②中板轧制－智能控制－研究③厚板轧制－智能控制－研究 Ⅳ. ①TG335.5-39

中国版本图书馆 CIP 数据核字(2022)第 203608 号

书　　名　板带轧制过程控制系统及中厚板智能剪切关键技术研究
著　　者　曹剑钊　李　旭
责任编辑　仓小金
出版发行　中国矿业大学出版社有限责任公司
(江苏省徐州市解放南路　邮编 221008)
营销热线　(0516)83884103　83885105
出版服务　(0516)83995789　83884920
网　　址　http://www.cumtp.com　**E-mail**:cumtpvip@cumtp.com
印　　刷　徐州中矿大印发科技有限公司
开　　本　787 mm×1092 mm　1/16　**印张** 9　**字数** 230 千字
版次印次　2022 年 11 月第 1 版　2022 年 11 月第 1 次印刷
定　　价　48.00 元

前　言

在现代化的钢铁工业生产过程控制中，均采用典型的4级控制系统：0级为交、直流传动，1级为基础自动化，2级为过程控制自动化，3级为生产制造控制(MES)。其中过程控制系统是全集成自动化(totally integreated automation，TIA)的重要组成部分，它集生产自动化和过程自动化于一体，是整个控制系统的核心部分，这在任何一个高端的自动化系统中均不可或缺。

板带材轧制过程控制系统是保证板带材产品质量的主要控制手段。本书第一部分以板带轧制过程系统研究为主线，从板带轧制过程控制系统应用平台的设计和研发出发，针对全连续热连轧产线的特点，研究轧件跟踪功能并改进，同时研究配合过程系统共同使用的轧制自动化数据采集与分析系统的设计与开发，进而分别研究可嵌入系统使用的平、立轧轧制力解析解法的数学模型。第2、3、4章侧重于工程应用，第5、6章在工程应用的基础上侧重于轧制力数学模型的理论解析。第二部分以中厚板剪切线为研究对象，系统分析了剪切线的现状及制约其生产效率的原因，研究了苛刻工况环境下中厚板轮廓数据采集、图像处理算法、智能剪切系统构建、剪切策略建模等一些列关键技术。本书内容可供从事板带轧制过程控制系统的科研及工程人员阅读参考。

作者对东北大学轧制技术及连轧自动化国家重点实验室的主要合作者张殿华教授、赵德文教授、李旭教授、孙杰教授、彭文研究员、龚殿尧教授，以及苏州大学的章顺虎教授表示衷心感谢。在本书的编撰过程中，同时得到了沈阳建筑大学郭喜峰教授、王长涛副教授、陈楠老师、阚凤龙老师的大力支持和帮助，在此也对他们表示最诚挚的感谢！此外本书也得到了辽宁省自然科学基金面上项目(2022-MS-277)、辽宁省教育厅青年项目(lnqn202016)、教育部产学研创新基金(2021LDA06012)、国家自然科学基金项目(U20A20187)的资金支持。
书中的疏漏与不妥之处，恳请读者批评指正。

著者

2022年3月

目　录

第1章　绪　　论

1.1　课题背景

钢铁工业属于原材料工业，是国民经济中的基础工业。在全球钢铁总消费量缓慢增长情况下，工业发达国家钢铁产量基本不变或略有下降，其产能过剩十分明显，而发展中国家的钢铁产量则迅速增长。依据世界钢铁协会发布的《世界钢铁统计数据 2022》报告，2021 年全世界仅有中国、印度两国的钢铁产量超过了 1 亿 t，而我国粗钢产量 10.3 亿 t，居世界第一位，占世界总产量的 52.8%，这意味着工业发达国家与发展中国家在钢材产品上的竞争必将更加激烈。

目前我国板带轧制生产线的装机水平和生产能力整体已达到了国际水平，但大量中小型企业、民营企业的技术还比较落后。一方面，近年来国内钢铁企业引进了多条板带材生产线，极大地促进了板带材生产的发展，但是对引进技术的消化和吸收工作做得不够，尤其是过程控制系统中以"黑箱"形式存在的核心技术仍未掌握，使新功能和新产品的开发受到限制；另一方面，国内大部分板带材生产线自动化程度较低、控制精度不高，升级改造空间巨大、需求迫切。企业要在激烈的竞争中占领国内乃至国际市场，就必须依靠先进的生产技术，制造出低成本、高质量的产品。

实现生产线自动化生产、提高控制精度是轧钢自动化发展的趋势，轧机过程控制系统是板带材生产线自动化生产的核心。作者所在项目组多年来在板带材轧制技术及控制方面积累了大量的技术成果和经验，利用已有的技术积累，借鉴国外先进控制技术，对轧机过程控制系统应用平台进行研究，开发出具有完全自主知识产权、适应板带材全线自动化生产的轧机过程控制系统意义重大，既可以满足国内对板带材生产线的自动化升级改造需求，又能为破解引进系统中的"黑箱"提供技术支持。

计算机硬件和软件的发展为板带轧制过程的数值模拟提供了基础，使人们对轧制规律的认识发生了一次飞跃。目前，利用数值模拟技术，已经能相当准确地预测轧制过程中轧制力、轧制力矩、温度等参数。其特点是速度快、费用低，特别适用于复杂的几何形状，但也只能是一个具体问题的结果显示，不能反映出各个工艺参数对问题影响的一般规律。

解析解法是采用连续统一的模型及整体原理的积分形式，对变形体进行整体积分，求得精确解，但是由于整体积分有许多困难和不确定性，只能将问题简化处理后才能实现解析求解，而简化条件下得到的解析解又不能适应实际应用的需要，因而工程实际中应用极少。尽管如此，解析解能清楚地反映出不同变量之间的物理关系，便于人们从物理本质角度去认识、分析和解决问题，具有不可替代的理论价值。

本书依托多条板带材轧制生产线项目，设计并开发了板带轧制过程控制系统和数据采集与分析系统，针对全连续热连轧带钢生产线的特点改进了跟踪功能，并应用到国内多条板带轧制生产线中，满足了现场的实际需要。同时，在国家自然科学基金“应变速率矢量内积解法在轧制功率变分中的应用研究”(No. 51074052)的资助下，对轧制力线性化解析解法进行了深入研究，研究结果对于成形过程中轧制功率泛函的求解具有启发意义。此外，本书也在辽宁省科技厅自然科学基金面上项目、辽宁省教育厅青年基金，东北大学轧制及连轧自动化国家重点实验室开放基金的资助下，对中厚板生产的智能剪切关键技术进行了深入的探索和研究。

1.2 板带轧制过程控制系统的发展

当今板带材生产的发展趋势是生产工艺流程的连续化和紧凑化，过程控制实现轧材性能高品质化、品种规格多样化及控制和管理的计算机化和信息化，即向质量型和低成本型的轨道上发展，这三个方面相辅相成，如图 1-1 所示。随着近年来计算机硬件的快速发展和人工智能、信息技术等高新技术的不断应用，板带轧制计算机控制系统也向着信息化方向发展。

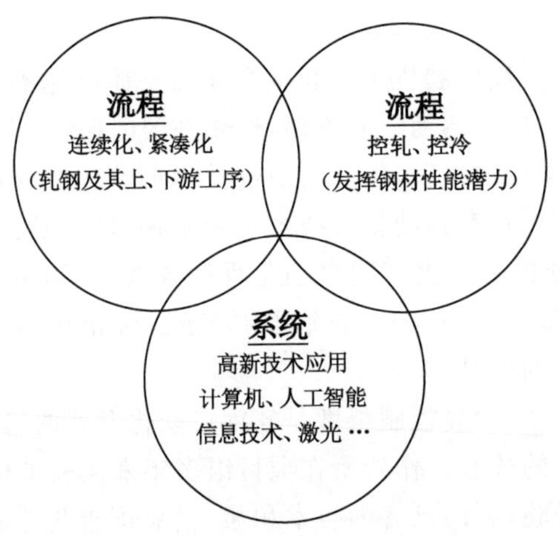

图 1-1 板带材生产的发展趋势

1.2.1 板带轧制计算机控制系统

现代化的板带轧制计算机控制系统所要解决的问题是提高和稳定产品质量，提高轧线设备的作业效率，以达到最经济地进行生产和经营的目的。一般可以从上到下划分为三层：生产管理系统、过程控制系统和基础自动化系统，如图 1-2 所示。

1.2.1.1 生产管理系统

生产管理系统面向厂和车间，负责生产计划的管理、原始数据的录入、产品的质量管理以及板坯库、成品库的管理等。该级直接与过程控制级发生联系，向它们发出生产计划指令，同时也与公司管理级联网，向它们及时提供数据，并接收公司级管理系统的数据与指令。

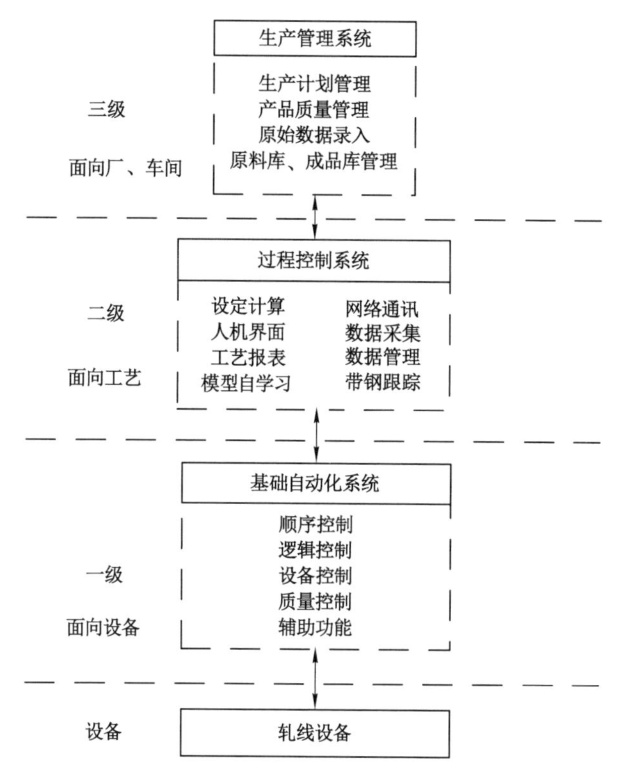

图 1-2　三级计算机控制系统组成

1.2.1.2　过程控制系统

过程控制系统面向工艺，其中心任务是为轧机的各项控制功能进行设定计算，核心功能是轧机的负荷分配和轧机设定；同时，通过模型自学习功能提高设定计算的精度。设定计算结果传递到基础自动化系统，由其具体控制执行。而为了实现其核心功能，过程控制系统必须设置网络通信、数据采集和数据管理、带钢跟踪管理（轧件位置跟踪、轧件数据跟踪）等为设定计算服务的辅助功能。另外过程控制系统一般还配备为生产过程服务的人机界面输出和工艺数据报表和记录等功能。

1.2.1.3　基础自动化系统

基础自动化系统面向设备，是轧机计算机控制系统的直接执行者，它直接控制设备和执行机构，其实现的功能主要包括顺序控制、逻辑控制、设备控制、质量控制以及辅助功能。顺序控制和逻辑控制主要是辊道的运转控制以及各种功能连锁、功能执行或停止控制等；设备控制是基础自动化接受过程控制系统的各项设定值或者由操作员通过人机界面输入的设定值（辊缝、速度、弯辊力等），对各执行机构进行控制；基础自动化的质量控制是其具体执行厚度控制、板形控制、平面形状控制等功能。另外，基础自动化还必须完成现场实际数据的采集和处理、故障的诊断和报警以及数据的通信等辅助功能。

通过上面的介绍可以看出，过程控制系统和基础自动化系统是整个计算机控制系统最重要的组成部分，而过程控制系统又是整个计算机控制系统的核心，各项先进的生产工艺必须由过程控制系统进行相应的计算设定来保证其最终的控制效果。

1.2.2 板带轧制过程控制系统的发展及主要功能

图 1-3 为钢铁生产各个环节的相关过程控制系统复杂度对比，图中横轴为系统控制速度，纵轴为系统功能数，可见以热轧、厚板轧制和冷轧为代表的板带材生产的过程控制系统功能数最多，控制速度要求最快。

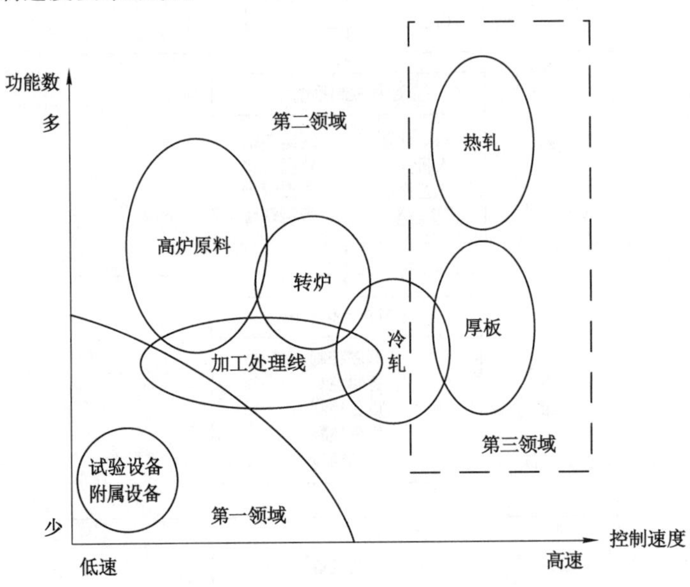

图 1-3　钢铁生产过程中相关过程控制系统的复杂度

从硬件角度来说，板带轧制过程控制系统的硬件伴随着计算机硬件的发展而不断升级，在 20 世纪 90 年代，过程控制系统是 Alpha 服务器的天下，控制系统供应商都曾使用过昂贵的 Alpha 服务器作为过程控制系统的服务器，随着计算机硬件技术的不断升级，在 21 世纪初，大部分提供商都转向了硬件投资更少、系统开放性更好的基于 Intel CPU 的服务器。从软件方面来讲，包括两个方面，操作系统和过程控制支撑平台。在 Alpha 服务器流行的年代，通常使用的是 Open VMS 操作系统。随着硬件的升级，Open VMS 也逐渐被 UNIX，Linux 和 Windows 系统所取代。

过程控制支撑平台包括一系列保证系统稳定、可靠运行，以及从后期维护的角度出发，系统所应该包含的功能。这些功能是过程控制系统执行跟踪、通信及模型计算所需的基础的、具有共性的功能，主要包括：

(1) 进程间通信

过程控制系统是由一系列进程组成的多进程系统，各业务功能的实现依赖于分布在相同的主机或不同的主机上功能模块之间互相协作。进程间的通信需要考虑数据通信和事件通信。两者间的差别在于通信数据量的大小，前者的数据量将远远大于后者。

(2) 数据通信

过程控制系统需要同上级生产管理系统、同级的过程控制计算机、轧辊管理系统等一系列为了满足集约化、精细化生产所设计开发的信息管理系统相连；同时，由于一些机电一体化的设备具有了 TCP/IP 的通信能力，也通过和过程控制系统直接连接的方式进行数据传输，如测厚仪、平直度仪等。虽然这些设备使用了TCP/IP传输协议，但是在业务层却没有标准存在，因此为了完成和机电一体化设备的数据通信，还需要对业务层进行定制处理。

(3) 实时进程管理

板带轧制过程控制系统是一个实时性非常强的控制系统，系统必须提供任务的实时调度能力，这样才能满足对响应时间有严格要求的事件服务的需求。

(4) 基础自动化系统接口

该接口完成过程控制系统和基础自动化之间的通信，完成过程控制系统中的数据向基础自动化内数据的映射，为业务层的应用软件提供各种粒度的灵活数据读写方式。

(5) 数据库管理

过程控制系统中存储着各种控制和实测数据，如板坯原始数据、生产实测数据、模型计算的中间结果数据、参数设定数据、工艺规程数据、应用日志数据等，这些数据均需要使用数据库保存起来，便于日后查询、统计使用或用于生产质量事故的原因追溯。数据库管理提供了各类数据的保存和查询功能。

(6) 画面管理

画面管理给维护人员提供了和过程控制系统进行交互的渠道。维护人员需要通过画面来监视整个生产过程，同时也通过画面所提供的输入机制来实现对生产过程的人工干预，保证生产的正常进行。

(7) 日志管理

在系统运行过程中，需要通过日志管理功能记录各种和业务或系统相关的信息，为系统管理员提供一个有效的诊断机制；同时在软件开发和测试阶段，日志管理功能输出各类调试信息，用于软件缺陷的跟踪和功能确认。

1.2.3 主要过程控制系统介绍

目前国内大型的钢铁企业主要采用国外整体引进的过程控制系统，如表1-1所示，主要包括西门子、奥钢联、东芝/GE和三菱，后两者在2003年合并为TMEIC。

表1-1 国内大型钢铁企业过程控制系统

项目	控制器	服务器	操作系统	通信平台	投产时间
鞍钢1 780 mm热连轧	三菱	Alpha小型机	Open VMS	VMS、DEC NET	2000年
包钢薄板坯连铸连轧	西门子	Alpha小型机	Open VMS	CORBA	2001年
攀钢1 450 mm热连轧	GE	Alpha小型机	Open VMS	VAI	2004年
鞍钢1 450 mm冷连轧	西门子	Alpha小型机	Open VMS	CORBA	2005年
柳钢2 032 mm热连轧	西门子	PC服务器	Windows	CORBA	2005年
唐钢1 700 mm冷连轧	西门子	PC服务器	Windows	VAI	2005年
新疆八钢1 750 mm热连轧	西门子	PC服务器	Windows	VAI	2006年
鄂钢4 300 mm中厚板	TMEIC	PC服务器	Windows	PASolution	2006年
济钢1 700 mm热连轧	三菱	Alpha小型机	Open VMS	VMS、DEC NET	2006年
安钢1 780 mm热连轧	西门子	PC服务器	Windows	CORBA	2007年

表1-1(续)

项目	控制器	服务器	操作系统	通信平台	投产时间
马钢 2 250 mm 热轧横切线	TMEIC	PC 服务器	Windows	PASolution	2007 年
天津荣程 750 mm 热连轧	西门子	PC 服务器	Windows	RAL	2007 年
宝钢 1 880 mm 热连轧	TMEIC	HP 小型机	Open VMS	宝信	2007 年
唐山国丰 1 450 mm 热连轧	西门子	PC 服务器	Windows	CORBA	2008 年
首钢京唐 2 250 mm 热连轧	TMEIC	PC 服务器	Windows	PASolution	2009 年

1.2.3.1 西门子过程控制系统

国内使用西门子过程控制系统的主要有唐山国丰 1 450 mm 热连轧、包钢薄板坯连铸连轧，柳钢 2 032 mm 热连轧，鞍钢 1 450 mm 冷连轧等。

图 1-4 为西门子轧机过程控制系统的体系结构，整个系统采用多进程结构，总共 31 个进程，每一个进程负责一个具体功能。总体来说可把进程归类为服务器类接口进程，主要负责与 L3 服务器或其他过程控制服务器使用 TCP/IP 协议进行通信；控制类进程，主要负责设定模型计算数据、下发轧制规程等；非控制类进程，主要负责任务分配、进程调度、资源管理、过程跟踪、数据存储等非控制任务；L1 接口类进程，主要负责与基础自动化 PLC、测厚仪、测宽仪等使用 TCP/IP 协议进行通信；HMI(human machine interface，人机接口)进程负责与 HMI 使用 TCP/IP 协议进行通信。

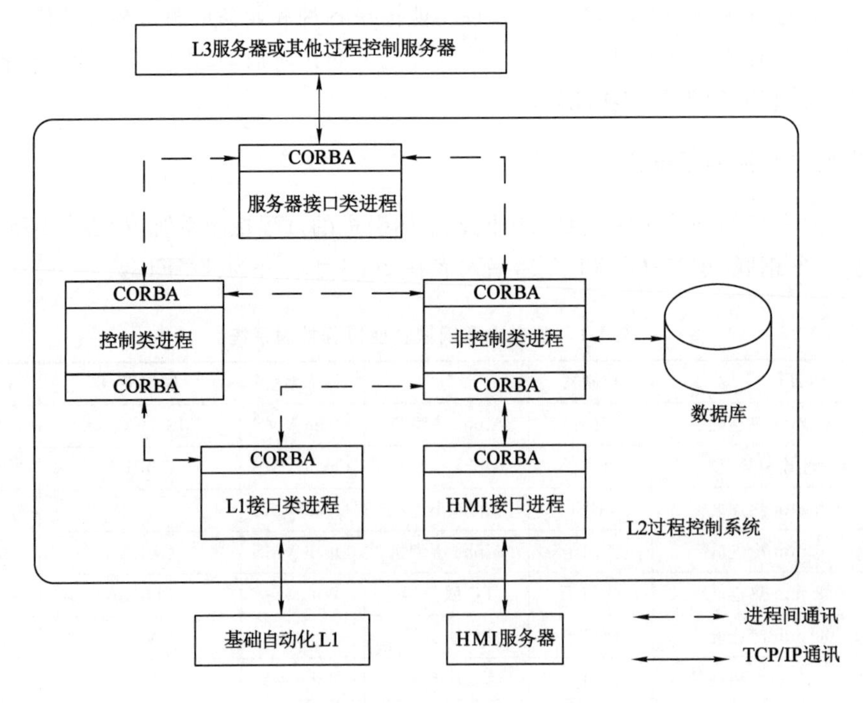

图 1-4　西门子轧机过程控制系统体系结构

西门子过程控制系统进程间通信统一使用 CORBA(common object request broker architecture，公共对象请求代理体系结构)中间件，它为不同进程提供不同的通信接口和协议，大大方便了进程间通信。

1.2.3.2 奥钢联(VAI)过程控制系统

国内使用奥钢联过程控制系统的主要有天钢 1 750 mm 热连轧，新疆八钢 1 750 mm 热连轧，唐钢 1 700 mm 冷连轧，莱钢 4 500 mm 厚板厂等。

图 1-5 为奥钢联冷连轧轧机过程控制系统结构图。过程控制系统拥有单独的 HMI，可以显示实时日志、打印数据报表、设定人工干预量等功能。总体采用服务器客户端模式，即服务进程会创建一系列定义好的服务以供客户端使用。整个系统有轧机模型服务，负责设定计算功能，它是整个过程控制系统的核心；过程控制系统的日志服务，负责实时日志报告、存储功能；标签服务，负责与基础自动化 HMI 实时数据通信；跟踪服务，是整个过程控制系统的纽带，所有的上传、下发数据都得通过跟踪服务的逻辑判断来进行；数据采集服务，负责数据采集和处理；酸洗通信服务，负责与酸洗过程控制系统通过 TCP/IP 协议进行通信；L1 通信服务，负责与基础自动化 L1 通过 TCP/IP 协议进行通信。SUPERVISOR 通过配置文件服务负责启动、停止各个服务进程，也能够启动、停止单个服务进程并监视其运行状态信息。

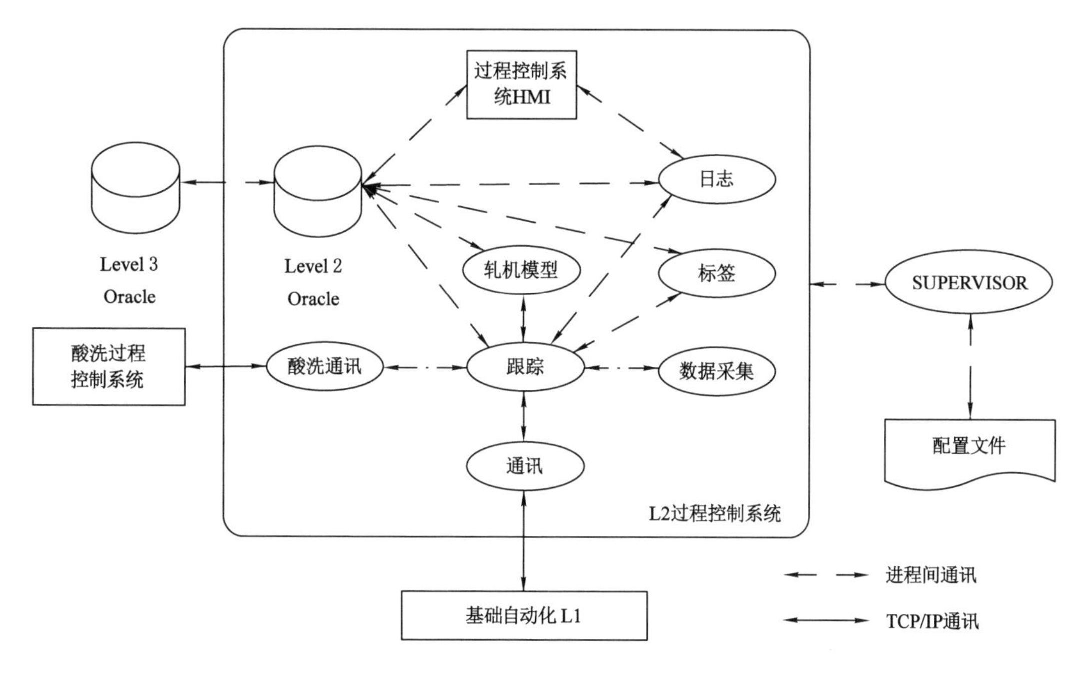

图 1-5 奥钢联冷连轧轧机过程控制系统结构

奥钢联冷连轧轧机过程控制系统的特点是采用 Intel CPU 的 Windows 服务器，分布式布置轧线上的各个功能模块，具有很好的稳定性和可扩展性。

1.2.3.3 TMEIC 过程控制系统

国内使用 TMEIC 过程控制系统的主要有首钢京唐 2 250 mm 热连轧，太钢 2 250 mm 热连轧，邯钢 2 250 mm 热连轧等。

东芝/GE 和三菱在 2003 年合并为 TMEIC。早期使用一些高性能计算机和一些小型机，三菱机电公司的专用过程机从 M50 系列、M60 系列发展到 MR 系列和 MWS 系列。随着通用型 PC 服务器的采用以及 Windows 操作系统稳定性和实时性的提高，通用的 Windows 操作系统也逐渐被用作过程控制系统的系统平台。过程控制系统硬件和系统平台的不断发展，使系统性能不断得到提升，但费用却不断降低，特别是 PC 服务器和 Windows 操作系统的采用，既降低了费用，又方便了系统开发。图 1-6 为三菱电机公司 80 年代以后过程控制系统的发展。

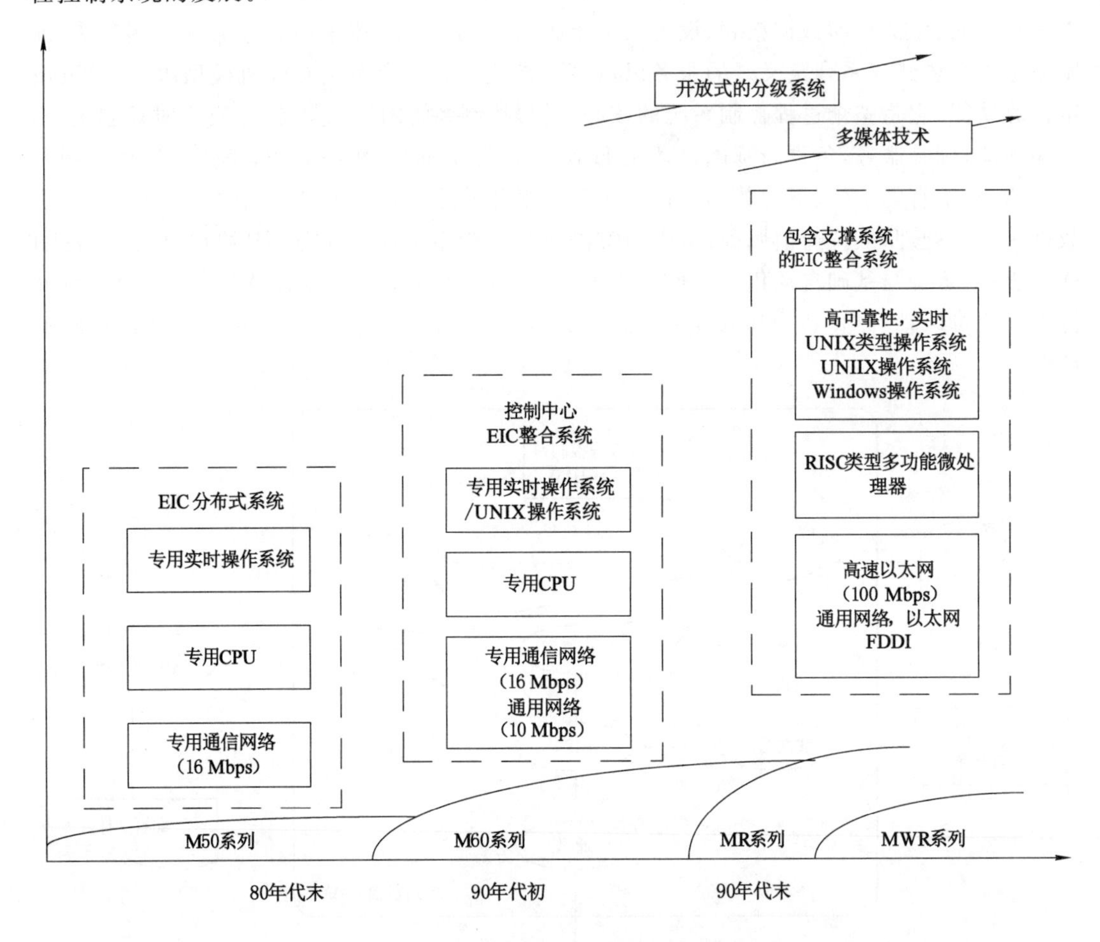

图 1-6　三菱电机公司的过程控制系统发展

TMEIC 过程控制系统主要包括非控和模型两个部分。非控部分主要包括了对轧线现场各种传感器数据的采集，提供准确的模型计算时刻，及时地把模型计算结果传送给轧线设备，提供与生产管理级(L3)、加热炉、轧辊间等的外部接口以及提供良好的人机接口给操作者使用或者开发。模型部分主要是根据基础自动化级(L1)发送的现场数据和来自加热炉的 PDI(primary data input)，在特定的时刻触发模型计算，并进行自学习。

系统硬件主要有应用程序服务器 SCC(supervisory control computer)，数据库服务器 EDS(engineering data system)，开发机服务器 Dev，材料性能预报服务器 MPPS(material property prediction system)，板型控制服务器 PCFC(profile contour and flatness control)和人机界面 HMI 服务器。其中，应用程序服务器 SCC 是整个系统的核心，它要完成对轧线板坯的实时跟踪，与操作台各个 HMI 客户端的通信以及与轧辊间、加热炉、L3 等外界系统的通信,另外,模型计算程序也运行在 SCC 上;数据库服务器 EDS 实现对报警、历史、模型、操作、PDI、轧辊等数据的存放和读取;开发机服务器 Dev 具有与 SCC 服务器相同的应用程序,但它是离线状态的,用于调试人员修改程序后进行功能测试。

TMEIC 热连轧 L2 网络结构如图 1-7 所示,L2 所有服务器均通过工业以太网连接,过程控制系统内所有程序都是由 TMEIC 开发的 PASolution(process automation solution)中间件平台下的 SSAM(supervisory system application manager)管理的。SSAM Agent 作为操作系统服务运行于监控程序计算机上,记录和监控所有进程的运行状态和健康状态,生成日志文件。通过 SSAM 界面用户可以根据需要添加进程、删除进程、配置进程、启动和停止应用进程,配置好所需进程后,开发人员可以根据系统需要用脚本语言编写本进程所要实现的功能。PASolution 平台下的 IOService 工具提供一种新的进程间通信机制,可以把每台计算机上的进程进行整合,视多台计算机为一个整体,解决了操作系统间不同进程的通信问题。

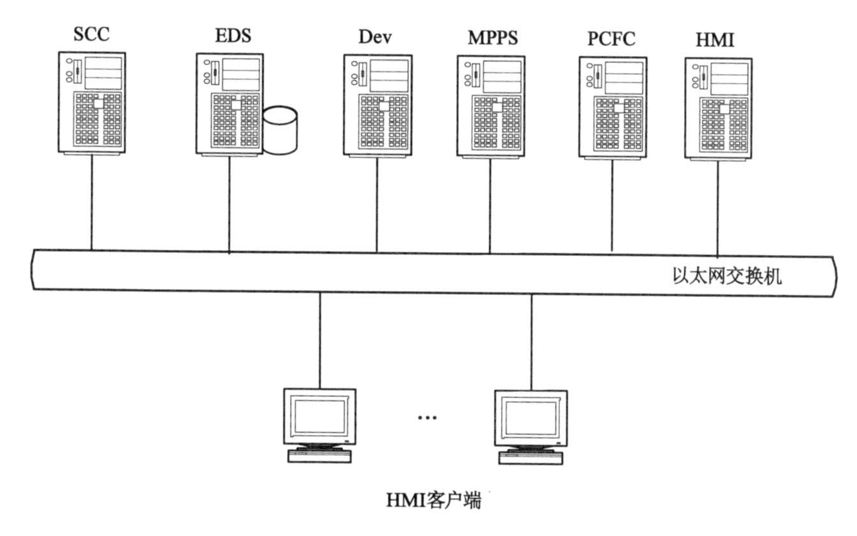

图 1-7　TMEIC 热连轧 L2 网络结构

国内的过程控制系统提供商有:赛迪电气、宝信软件、金自天正、北京科技大学高效轧制国家工程研究中心(NERCAR)、北科麦思科等,国内一些钢厂基于对引进系统的消化移植,也为其他钢厂提供过程控制系统,但在系统的标准化和先进化程度上还距先进水平有一定的差距。国内现有的由国外直接引进的过程控制系统多为 Unix 操作系统改版过来或采用价格昂贵的 Open VMS,系统的开放性差,模型工程师在终端上采用敲命令的方式对模型的程序和参数进行维护,对现今的流行的 Windows 服务器系统不太“亲近”,没有图形化的操作界面,维护人员的操作极为不便;且大多采用一任务一进程的模式,使得进程繁多,逻辑关系复杂,加大了调试困难。而自主集成的过程控制系统由于缺少关键“黑箱”技术使得维护升级困难。所以,拥有一个具有完全自主知识产权的、界面友好、通用性高、实用性强、稳定的板带轧制过程控制系统是一个亟待解决的问题。

1.3 轧制力理论模型研究的发展

轧制力是轧机过程控制系统设定模型的核心，其计算精度直接影响规程设定、辊缝设定，进而影响穿带的稳定性、板厚精度以及板型质量。尽管轧制过程是一个非线性、多变量、强耦合、强时变而必多步优化的复杂过程，研究人员一直为探寻更加精确的轧制力计算方法而不懈努力。

1.3.1 工程法

20 世纪 20 年代，轧制理论尚处于孕育萌生期。1924 年卡尔曼微分方程的出现，树立了轧制理论的第一个里程碑。后来的研究者在卡尔曼微分方程的基础上，附加不同的假设条件，用经典的数学解析方法，推导演绎出形式各异的轧制力公式。主要代表有采利柯夫(ЦеЛИКОВ)，艾克隆德(Ekelund)，普兰特(Prandtl)，翁克索夫(Ункcов)等。奥罗万(Orowan)于 1943 年提出了计算单位压力的微分方程，他在推导过程中采用了卡尔曼所做的某些假设，其中主要是假设轧件在轧制过程中无宽展，即轧件产生平面变形。随后，西姆斯(Sims)在奥罗万的基础上又推导出西姆斯公式，它是热轧中应用最为广泛的轧制力理论计算公式。以上这些方法通常称为工程法(切片法，slab method)，至今仍在广泛使用。

1.3.2 能量法

进入 20 世纪 60 年代，随着计算机应用于连轧机组的控制，对轧制力的计算精度提出了更高的要求。伴随着轧制技术的发展，出现了基于最小能原理的变分法、上下限法等能量方法，其共同特点与传统的工程法不同，它不是从力的平衡关系出发，而是着眼于运动许可速度场，从运动许可速度场中利用数学上的优化方法寻找满足能量原理的最优解，得到变形区的应力分布，计算轧制力。能量法不但可以求解板带轧制的二维问题，还可以求解三维问题，因此它克服了传统工程法忽略宽展而导致轧制力计算偏差的缺点，这种解法的出现及成功应用，为轧制理论的发展树立了第二个里程碑。

虽然能量法起步较早，但是由于存在数学上的积分困难，发展一直缓慢。约翰逊(Johnson)和库多(Kudo)在 1960 年首次利用上限法分析了板带热轧问题，针对理想刚塑性材料，在平面变形条件下，以滑移线场作为运动许可速度场来分析由速度不连续所产生的功率消耗，并且利用上界法计算了接触表面压力；1973 年小林史郎(Kobayashi)使用 Hill 速度场以变分法对三维轧制建立了总功率泛函积分框架并以 Newton-Raphson 给出数值结果；加藤和典(Kato)在 1980 年用加权平均法建立轧制速度场，但采用坐标方向搜索法或共轭方向搜索法回避泛函整体积分框架。换句话说，二者对变分法中泛函的先微分后积分过程并没有给出最终结果的表达式。

近年来，国内一些学者建立了三维轧制运动许可速度场，以屈服准则线性化、应变速率矢量内积、共线矢量内积积分法得到了三维轧制总功率泛函的解析解进而求得轧制力；随后使用带材轧制流函数速度场，构筑厚板轧制总功率泛函模型，并探索异步轧制和其他连续速度场及相关泛函。

1.3.3 有限元法

由于轧制过程中金属的变形十分复杂，金属的流动是在大位移、大应变条件下发生的，这不仅要涉及材料非线性，还要涉及由大位移引起的几何非线性，此外轧制过程中还涉及难于处理的混合边界条件，因此使用经典的理论进行分析比较困难。有限元法作为一种比较成熟的数值方法可以不作任何变形特性的预先假设，灵活地处理复杂几何形状和边界条件，考虑多种因素对变形过程的影响，得到加工过程中多方面的信息，能够在现实过程约束和各种变形条件下执行复杂的计算，因此成为模拟研究轧制过程较为理想的工具。自20世纪80年代以来，以有限元为代表的现代数值模拟方法在轧制领域的广泛应用，为轧制理论的发展树立了第三个里程碑。

对于板带轧制问题，有限元法主要用来分析和计算轧制过程中金属的流动规律、应力应变分布和变化趋势、温度场的分布以及轧制力的变化等，其中轧制力的计算是通过对应力在整个变形区内积分得到的。大量的研究人员使用弹塑性有限元和刚塑性有限元分析板带轧制问题。另外，已经有功能强大的大型商用有限元软件用于板带轧制问题的分析。

Yarita 等人在用弹塑性有限元法求解板带轧制问题方面做了大量工作；森谦一郎等用刚塑性有限元法对板坯立轧稳态过程进行了解析；刘才教授等用三维弹塑性有限元法求解了平辊轧制厚板的问题；C. David 等提出一种实际热轧中宽展问题的自由表面解法，采用三维刚塑性有限元罚函数法预测了立轧的狗骨形状和轧制力；熊尚武采用全三维单元刚塑性有限元法，对热带粗轧机组立轧过程进行了模拟；刘相华教授等用三维刚塑性有限元法求解了带凸度的板带轧制问题；S. M. Hwang 等用刚塑性有限元法对板带热轧过程中轧辊和板带的热力行为进行了研究；Tieu 等人用三维刚黏塑性有限元法模拟了混合摩擦条件下板带的热轧过程，得到的轧制力和轧制力矩与实验值吻合良好。

弹塑性有限元法可以求解塑性区的扩展、出辊后带钢的弹性回复、带钢内部的应力应变分布等问题，它最大的优点是可以求解板带轧后的残余应力，因此在计算多道次轧制的轧制力时计算精度更高。但是，由于弹塑性有限元法求解时要把每一增量步中算出的应力增量、应变增量和位移增量叠加到前一迭代步中，因而存在累积误差。为了减少误差而采取的细化单元网格和增加迭代步数等措施，又会导致计算机容量、计算速度和计算时间等方面的问题。与弹塑性有限元法相比，刚塑性有限元法不存在求解过程中的累积误差和要求单元逐步屈服的问题，可以用数目相对较少的单元模拟大变形问题，因此避免了弹塑性有限元法计算量大和计算过于复杂的缺点，已经成为求解金属塑性加工问题的有力工具。

1.3.4 人工神经网络法

从20世纪90年代开始，人工神经网络的应用为轧制理论的发展揭开了新的篇章。神经网络从新的视角去处理轧制过程中遇到的实际问题，引发了轧制过程研究中观念上的一场革命，为轧制理论的发展树立了第四个里程碑。

神经网络是模拟脑神经对外部环境的学习过程而建立起来的一种人工智能识别方法，是一个具有高度非线性的超大规模连续时间动力学系统。其最主要特征为连续时间非线性动力学、网络的全局作用、大规模并行分布处理及高度的鲁棒性和学习联想能力。同时它又具有一般非线性动力系统的共性，即不可预测性、吸引性、耗散性、非平衡性、不可逆性、高维性、广泛连接性与自适应性等,广泛用于解决非线性系统以及模型未知系统的预报和控制。利用该方法预报轧制力时,不需要假设数学模型的函数类型,只需要网络对大量在线数据或实验数据进行学习,通过反复学习,直接得到实测数据与轧制力的映射关系,预报轧制力。最早把神经网络应用于轧制领域的是日本和德国,德国西门子公司将神经网络应用于轧制过程中的自动控制,进行板带轧制力、温度和自然宽展的预报,使轧制力预报精度提高15%~40%,温度精度提高25%,宽展精度提高25%。这些成果已经应用于德国蒂森钢铁公司(Thyssen AG)、赫施钢铁公司(Hoesch AG)等轧钢场的6套轧机上。除日本和德国外,其他各国轧制工作者也在神经网络方面开展了研究工作。如金姆(Y. S. Kim)等采用正交实验方法得到了神经网络模型参数,然后预报了热轧过程中的轧制力;波特曼(Portmann)等将经典的基于物理的数学模型和神经网络相结合,引入了轧机控制系统的神经网络学习策略;Pican提出了平整机的人工神经网络轧制力预报模型,使用单个域内多网格方法解决了神经网络在奇异点上性能退化的问题;Chun等使用反向传播学习算法提升人工神经网络模型的性能,对铝合金热轧的屈服应力、轧制力和轧制力矩进行预报;Lee等提出了使用一种神经网络的热轧长期学习方法来提高轧制力预报精度;Y. Y. Yang等使用整体建模技术来改进神经网络模型精度,完全不需要基于物理的数学模型和经验模型;澳大利亚伍伦贡大学铁屋(K. Tieu)教授带领的研究组在用模糊神经网络控制带钢厚度、用遗传算法优化轧制规程、利用神经网络预报轧件出口厚度等方面开展了一系列工作,引起人们的关注。

我国20世纪90年代以后开始有利用神经网络预报热连轧精轧机组轧制力研究的报道。90年代初,东北大学轧制技术及连轧自动化国家重点实验室开始把人工智能在轧制中的应用作为主要研究方向之一,其后一批博士后、博士和硕士及青年教师围绕这个方向开展了大量的研究工作。如吕程等人采用BP神经网络和传统数学模型相结合的方法,预报了热连轧精轧机组的轧制力,达到了在线控制要求;丁小梅等采用小波神经网络方法对轧制压力进行预报,该方法的预报精度优于同等规模的BP网络;王秀梅等利用综合神经网络在热连轧机组中进行轧制力的预报;刘振宇教授等应用神经网络预测热轧C-Mn钢的力学性能。孙克等人研究了热轧板带厚度控制中轧制力预报环节的局部逼近神经网络实现方法,网络在多次训练后对生产中的历史数据进行了轧制力预报,达到了较高的预报精度。

以上所述以有限元法为基础数值解法和神经网络法虽然有许多优点,但最大的缺点是肉眼可见的计算结果不能给出相关物理参数与计算参数的定量关系式,即不能给出计算结果的解析表达式,只能给出计算结果与极值函数各节点上的离散值。即使借助人工或后处理功能,将这些点连成折线,也不是能以统一解析式表达的连续曲线。工程法和能量法为基础的解析解法,正视整体工件的积分困难,采用连续统一模型及一般原理的积分形式,设法对变形体进行整体积分,虽然积分有许多困难和不确定性,但最大的优点是可以给出能以解析式描述的相关物理参数与计算参数的定量关系式,依据关系式可将计算结果描绘成光滑连续曲线。本文作者认为,几种方法是相辅相成、相互统一的,不能厚此薄彼,彼此代替。更偏见地说,从数学发展的深层次角度看,数值解是手段,神经网络是算法的一种逼近或逻辑表达,而解析解才是目的。

1.4 屈服准则线性化

受力物体(质点)处于单向应力状态时，只要单向应力达到材料的屈服点时，则该质点由弹性状态进入塑性状态，即处于屈服。在多向应力状态下，必须同时考虑所有的应力分量，只有当各应力分量之间符合一定关系时才开始进入塑性状态，这种关系称为屈服准则，也称塑性条件，它是描述受力物体中不同应力状态下的质点进入塑性状态并使塑性变形继续进行所必须遵守的力学条件，可表示为：

$$f(\sigma_{ij})=C \tag{1-1}$$

式(1-1)称为屈服函数，式中 C 是与材料性质有关而与应力状态无关的常数，可通过实验求得。由式(1-1)可以看出，当函数 $f(\sigma_{ij})<C$ 时，质点处于弹性状态；当 $f(\sigma_{ij})=C$ 时，处于塑性状态，但在任何情况下都不存在 $f(\sigma_{ij})>C$ 的状态，也就是说，不存在“超过”屈服准则的应力状态。

所谓泛函积分的困难实际上是指泛函被积函数的不可积性或非线性，而构筑刚塑性材料成型整体工件全能率泛函的被积函数主要依据非线性的米塞斯(Mises)屈服准则与列维-米塞斯(Levy-Mises)流动法则所确定的单位体积塑性功率(也称比塑性功率)。追根溯源，是由于米塞斯(Mises)屈服准则的非线性导致了泛函被积函数-比塑性功率的非线性。如从物理关系入手，使非线性的米塞斯屈服准则线性化，则非线性的被积函数可解。因此，研究逼近米塞斯屈服准则的线性屈服准则及构造第一变分原理内部塑性变形功率泛函的线性被积函数，则可使此项泛函对工件的整体积分得到解析解。

1.4.1 屈雷斯卡(Tresca)屈服准则(最大剪应力理论)

屈雷斯卡屈服准则是1864年法国工程师屈雷斯卡在软钢等金属实验中发现的，他推想塑性变形的开始与最大剪应力有关，即当受力物体(质点)中的最大剪应力达到某一定值时，该物体就发生屈服，即最大剪应力理论。所谓最大剪应力理论，就是假定对同一材料在同样的变形条件下，无论是简单应力状态，还是复杂应力状态，只要最大剪应力达到极限值就发生屈服。

屈雷斯卡屈服准则及其比塑性功率为：

$$\sigma_1-\sigma_3=\sigma_s;D(\dot{\varepsilon}_{ij})=\sigma_s\left|\dot{\varepsilon}_i\right|_{\max} \tag{1-2}$$

式中 σ_s——材料的屈服应力；

$D(\dot{\varepsilon}_{ij})$——单位体积塑性功率(或称比塑性功率)；

$\dot{\varepsilon}_i$——应变速率分量。

应当指出，屈雷斯卡屈服准则是线性屈服准则，计算比较简单，有时也比较符合实际，所以比较常用，但是其缺点是未考虑中间主应力 σ_2 的影响，因此屈雷斯卡屈服准则对材料、结构的力能参数提供下限解。

1.4.2 米塞斯(Mises)屈服准则

德国力学家列维-米塞斯(Levy-Mises)于1913年提出米塞斯屈服准则。因为材料屈服是物理现象，所以对各向同性材料，屈服函数不应随坐标的选择而变化。也就是说，对同一材料，在相同的变形温度，应变速率和预先加工硬化条件下，无论采用什么样的变形方式，也无论如何选择坐标系，只要偏差应力张量二次不变量达到某一值，材料便由弹性变形过渡到塑性变形。

米塞斯屈服准则及其比塑性功率为：

$$(\sigma_1-\sigma_2)^2+(\sigma_2-\sigma_3)^2+(\sigma_3-\sigma_1)^2=2\sigma_s;D(\dot{\varepsilon}_{ij})=\sigma_s\sqrt{\frac{2\dot{\varepsilon}_{ij}\dot{\varepsilon}_{ij}}{3}} \tag{1-3}$$

实验结果表明大多数材料的强度满足米塞斯屈服准则。然而，由于其表达式的非线性使得该屈服准则及其比塑性功率在精确解析塑性力学问题中非常困难，这也就推动了屈服准则线性化研究不断发展。

1.4.3 双剪应力屈服准则

双剪应力屈服准则是俞茂宏教授1983年提出的一个线性屈服准则，即主应力按代数值大小排列，只要一点两个主剪应力满足以下关系材料就发生屈服：

$$\left.\begin{aligned}\sigma_1-\frac{1}{2}(\sigma_2+\sigma_3)=\sigma_s,\ \text{if}\ \sigma_2\leqslant\frac{1}{2}(\sigma_1+\sigma_3)\\ \frac{1}{2}(\sigma_1+\sigma_2)-\sigma_3=\sigma_s,\ \text{if}\ \sigma_2\geqslant\frac{1}{2}(\sigma_1+\sigma_3)\end{aligned}\right\} \tag{1-4}$$

该准则在π平面上屈服轨迹为米塞斯圆的外切正六边形，如图1-8所示。该准则的比塑性功率表达式为：

$$D(\dot{\varepsilon}_{ij})=\frac{2}{3}\sigma_s(\dot{\varepsilon}_{\max}-\dot{\varepsilon}_{\min}) \tag{1-5}$$

式(1-5)在解析金属成形问题中已获初步应用，但研究表明其计算结果高于米塞斯准则的计算结果。

轨迹介于米塞斯圆外切与内接六边形之间的任何一次线性方程均为逼近米塞斯准则的线性屈服条件，寻找接近米塞斯轨迹的线性屈服条件可称作米塞斯准则的线性化。

1.4.4 统一双剪准则(UY准则)及特例

1992年俞茂宏教授提出统一双剪应力屈服准则，简称UY准则，如下式：

$$\left.\begin{aligned}\sigma_1-\frac{1}{1+b}(b\sigma_2+\sigma_3)=\sigma_s,\ \text{if}\ \sigma_2\leqslant\frac{1}{2}(\sigma_1+\sigma_3)\\ \frac{1}{1+b}(\sigma_1+b\sigma_2)-\sigma_3=\sigma_s,\text{if}\ \sigma_2\geqslant\frac{1}{2}(\sigma_1+\sigma_3)\end{aligned}\right\} \tag{1-6}$$

对上式取不同b值后给出以下6种典型特例，如表1-2所示。其中，b值为中间主应力对屈服准则的影响参数，典型特例应当有明确的物理意义，以表述其作为新准则的几何特点及b值的确定性。为此$b=0.366$的线性屈服准则具有明确物理意义，它表示该准则为Mises圆的内接十二边形或为误差三角形内Tresca与TSS轨迹间夹角的平分线，所以称之为ID(inscribed dodecagon)准则或角分线屈服准则。

表 1-2　双剪统一屈服准则的典型特例

b 值	$\sigma_2 \leqslant \frac{1}{2}(\sigma_1+\sigma_3)$	$\sigma_2 \geqslant \frac{1}{2}(\sigma_1+\sigma_3)$	线性准则
1	$\sigma_1-\frac{1}{2}(\sigma_2+\sigma_3)=\sigma_s$	$\frac{1}{2}(\sigma_1+\sigma_2)-\sigma_3=\sigma_s$	双剪准则
$1/(1+\sqrt{3})=0.366$	$\sigma_1-\frac{1}{2+\sqrt{3}}\sigma_2-\frac{1+\sqrt{3}}{2+\sqrt{3}}\sigma_3=\sigma_s$	$\frac{1+\sqrt{3}}{2+\sqrt{3}}\sigma_1+\frac{1}{2+\sqrt{3}}\sigma_2-\sigma_3=\sigma_s$	角分线准则
0	$\sigma_1-\sigma_3=\sigma_s$	$\sigma_1-\sigma_3=\sigma_s$	Tresca

角分线准则的比塑性功率为：

$$D(\dot{\varepsilon}_{ij})=\frac{1}{\sqrt{3}}\sigma_s(\dot{\varepsilon}_{\max}-\dot{\varepsilon}_{\min}) \tag{1-7}$$

1.4.5　MY(平均屈服)准则

在 π 平面上，如图 1-8 所示，取线性逼近极限三角形 $B'FB$ 的斜边 BB' 与直角边 $B'F$ 对应屈服函数的均值，即依赖屈雷斯卡和双剪应力屈服函数均值的屈服准则称为 MY(平均屈服)准则，它在 π 平面上的屈服轨迹为与米塞斯圆内等边非等角内接十二边形，其表述为：

$$\begin{cases}\sigma_1-\frac{1}{4}\sigma_2-\frac{3}{4}\sigma_3=\sigma_s, \text{if } \sigma_2\leqslant\frac{1}{2}(\sigma_1+\sigma_3)\\ \frac{3}{4}\sigma_1+\frac{1}{4}\sigma_2-\sigma_3=\sigma_s, \text{if } \sigma_2\geqslant\frac{1}{2}(\sigma_1+\sigma_3)\end{cases} \tag{1-8}$$

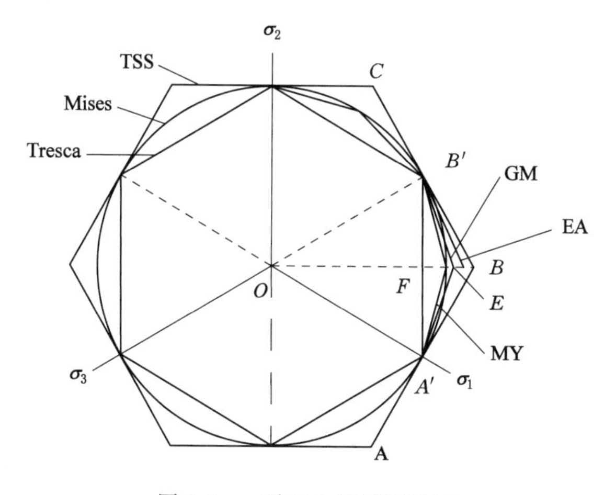

图 1-8　π 平面上的屈服轨迹

MY 准则的比塑性功率为：

$$D(\dot{\varepsilon}_{ij})=\frac{4}{7}\sigma_s(\dot{\varepsilon}_{\max}-\dot{\varepsilon}_{\min}) \tag{1-9}$$

1.4.6　GM(几何中线)屈服准则

在 π 平面上，如图 1-8 所示，屈雷斯卡与双剪应力屈服准则轨迹构成的极限三角形的几何中线，将其作为屈服判据，也可称为GM(几何中线)屈服准则，其表述为：

$$\begin{cases}\sigma_1-\dfrac{2}{7}\sigma_2-\dfrac{5}{7}\sigma_3=\sigma_s,\ \text{if}\ \sigma_2\leqslant\dfrac{1}{2}(\sigma_1+\sigma_3)\\ \dfrac{5}{7}\sigma_1+\dfrac{2}{7}\sigma_2-\sigma_3=\sigma_s,\ \text{if}\ \sigma_2\geqslant\dfrac{1}{2}(\sigma_1+\sigma_3)\end{cases}\tag{1-10}$$

GM屈服准则的比塑性功率为：

$$D(\dot{\varepsilon}_{ij})=\frac{7}{12}\sigma_s(\dot{\varepsilon}_{\max}-\dot{\varepsilon}_{\min})\tag{1-11}$$

1.4.7 EA(等面积)屈服准则

在π平面上，如图1-8所示，屈雷斯卡与双剪应力屈服准则轨迹构成的极限三角形内，取与米塞斯屈服轨迹覆盖面积相等并与其相交的十二边形轨迹作为屈服判据可导出与米塞斯屈服轨迹覆盖面积相等的线性屈服准则，称为EA(等面积)屈服准则，其表述为：

$$\begin{cases}\sigma_1-\left(2-\dfrac{9}{\sqrt{3}\pi}\right)\sigma_2-\left(\dfrac{9}{\sqrt{3}\pi}-1\right)\sigma_3=\sigma_s,\ \text{if}\ \sigma_2\leqslant\dfrac{1}{2}(\sigma_1+\sigma_3)\\ \left(\dfrac{9}{\sqrt{3}\pi}-1\right)\sigma_1+\left(2-\dfrac{9}{\sqrt{3}\pi}\right)\sigma_2-\sigma_3=\sigma_s,\ \text{if}\ \sigma_2\geqslant\dfrac{1}{2}(\sigma_1+\sigma_3)\end{cases}\tag{1-12}$$

EA屈服准则的比塑性功率为：

$$D(\dot{\varepsilon}_{ij})=\frac{\sqrt{3}\pi}{9}\sigma_s(\dot{\varepsilon}_{\max}-\dot{\varepsilon}_{\min})\tag{1-13}$$

1.5 中厚板智能剪切系统现状与发展

1.5.1 中厚板剪切线概况

国内外的厚板厂都将降低中厚板剪切损耗作为发展中的重点研发项目，并取得了一定的成效。国内如新余中厚板厂的2 500 mm和3 800 mm两条厚板生产线，其突出特点是手工干预操作较多，在剪切线的生产上，由于现场员工积累了丰富的经验，钢板的分段、剪切等流程在人工操作下非常流畅，剪切的生产质量控制较好；沙钢、舞阳钢铁在装备技术上也具有相似性，但都缺乏精准剪切指导手段，主要依靠人工经验；湖南湘钢为了减小侧弯对剪切质量的影响，在剪切线后面加装基于激光测距仪的非接触式侧弯检测系统，但仅能够识别剪切后产品侧弯，不能对剪切进行指导；国外以日本水岛厂为例，在这方面所作的努力主要为：提高剪切模型效率，合理计算剪切大板的分段方式，降低双边剪对中操作难度。另外，国内外的中厚板厂为减少切头、切尾、切边量，都有开发相应平面形状控制技术，使得轧制后得到大板尽可能接近矩形。中厚板生产企业在钢坯尺寸计算公式中根据轧制钢板厚度、长度的不同，通过MES系统将切边量维持在40～120 mm之间，切头切尾量维持在400～1 400 mm之间。同时，提高双边剪和定尺剪的剪切精度，减小头尾剪切量，防止出现剪切宽度和切头切尾过大的现象，进而提高钢板成材率。

1.5.2 机器视觉在智能剪切领域的研究现状

基于机器视觉的精密测量技术，以智能化、非接触和高精度等特点逐渐被制造业所青睐，在实时测量、生产柔性化和自动化程度高的领域特别是钢铁行业正呈现出强劲的发展态势，现已广泛应用于表面质量检测，物料跟踪，钢坯识别等领域。

国外在智能剪切方面发展较早，起步较快，早在20世纪80年代，国外一些检测系统制造公司已经研制出了基于机器视觉的板带形状检测系统。1987年加拿大KELE公司开发出C969C剪切系统，并应用于美国某热轧产线，其利用激光测速仪结合线阵CCD摄像机对带钢进行宽度测量，并计算剪切长度，目前此系统的升级版也占据我国大部分热轧产线市场；英国EES公司也开发出了基于双线阵摄像机的立体测量系统，对热轧带钢头尾部分成像并进行剪切线的划分，目前EES公司的优化剪切系统根据用户的需求主要有CCD2040、CCD3030以及CCD3040三种配置类型可供选择，但国内目前只有酒钢使用了CCD3030闭环优化剪切系统以及唐山不锈钢厂使用的CCD2040辐射式测宽仪。另外，还有法国DELTA-QMI的CV3000，使用一台高清线阵CCD摄像机瞬间捕捉带钢头尾图像，并精确绘制带钢头尾形状并确定剪切位置，但由于精度不高国内尚无厂家使用该系统。

国内在智能剪切方面尚处于研制、实验阶段，从20世纪90年代开始，国内武钢和华中理工大学的研究者们就尝试使用面阵CCD传感器代替伽马射线探测和测速辊来检测带钢的头尾形状，使得板坯头尾剪切损耗从0.4%降到0.2%；1994年，北京科技大学李毅杰等人采用线阵CCD检测板坯头部形状并提出新的优化剪切算法；2001年，鞍钢研究人员使用德国Basler摄像机结合加拿大Matrox Meteor公司的软件包研制的优化剪切系统在鞍钢1780生产线上模拟实验取得了不错的效果；2005年，浙江大学团队利用面阵CCD成像并结合BP神经网络算法进行剪切线的划分，虽然精度很高，但是图像神经网络算法处理速度慢，易陷入极小值。

近年来国内部分仪表公司也相继在测宽仪的基础上开发了自己的优化剪切系统，例如冶金自动化研究设计院欧博自动化中心开发的GK-Ⅱ智能优化剪切系统，可对钢板头部形状的不规则进行补偿，适用于热轧带钢进入精轧前的优化剪切，经实验可有效降低钢耗1%～3%；宝钢新疆八一钢厂使用两台CCD线阵相机结合激光测速仪并确立头尾剪切线确定原则，成功实施了热轧带钢头尾优化剪切技术的改造；大连亚泰华公司的优化剪切仪已经在金溪钢厂应用，并且取得了不错的效果，但同样是应用于热连轧生产线优化飞剪。

对于侧弯检测系统，检测方法分为两大类，基于扫描式热金属检测仪的跑偏检测仪和基于CCD技术的钢板平面尺寸测量装置。1985年日本川崎制铁的研究者们开发了厚板轧机钢板侧弯检测装置，该检测仪可以检测到钢板边部距离辊道中心的距离；2001年，日本神户制铁与三菱电气合作开发了一套包含4个边部激光扫描仪的厚板侧弯测量系统，其采用光传输技术，有效避免了轧机周围环境以及钢板高温的影响；2004年，英国克鲁斯集团塔尔伯特港热连轧厂与卡迪夫大学合作研究开发了基于CCD的板坯侧弯系统，包括1台Olympus C-800L摄像机，1台工业PC和1台SHAP PC-GP10笔记本，摄像头安装在第一架粗轧机平台上。该系统的特点是采用标准设备，测量精度高、易于维护、价格经济；同年，西班牙阿拉里亚钢铁公司与奥维尔多大学合作开发了基于机器视觉技术的新的侧弯测量系统，安装于粗轧机出口。该系统使用3个三色CCD摄像机，具有高精度(5 mm)、速度快、鲁棒性强和价格经济的特点，对人工纠正侧弯起到了很好的作用；2008年，台湾中钢公司使用高分辨率的面阵CCD(2048×2048)设计开发了光学侧弯测量系统，解决了现场环境高温及灰尘、水汽大的困难。2009年和2010年，东北大学和韩国浦项公司也分别各自研究并开发了基于CCD的侧弯检测装置。

上述侧弯系统大都硬件组成复杂(激光扫描仪或CCD+图像采集卡)，价格高昂，且采用传统的边缘检测算法和曲率公式计算钢板侧边曲率，受噪声影响严重，识别结果并不能对剪切策略进行指导和优化。综上所述，关于基于机器视觉的钢板头部形状和侧弯检测技术近年来发展迅速，日趋成熟。但其一般都是应用于薄带热连轧生产过程中，对于用于指导中厚板的智能剪切及粗分策略优化模型的建立并未见相关报道。与此同时我们还注意到，国外已经将机器视觉自动检测技术普遍应用于工业生产线，而在国内，虽然随着生产线自动化水平和硬件设备水平的日益提高，各行各业的领先企业逐渐将目光转向了视觉检测自动化方面，但是在工业机器视觉技术应用方面还不成熟。因此，研究基于机器视觉的中厚板轧制在线智能剪切关键技术不仅是中厚板企业和市场的需要，也是摆脱国外厂商在机器视觉检测技术方面垄断的需要，必将大大提高我国钢铁企业的竞争力。此外，机器视觉在中厚板生产线上的应用，也会进一步提升产线的智能化水平，也将会为国内同行提供一定的使用经验，具有一定的探索意义。

1.6 本书的主要内容

本书针对国内在板带材轧制过程控制系统开发和应用方面落后于国际先进水平的现状，结合国内多条生产线，设计并开发拥有自主知识产权的板带轧制过程控制系统应用平台和轧制自动化实时数据采集和离线分析系统；针对全连续热连轧带钢生产线的特点，设计全线跟踪功能；同时对轧制力解析解法进行深入研究。主要研究内容包括：

(1) 板带轧制过程控制系统应用平台的总体设计研究。从研究板带材过程控制系统的需求分析入手，研究如何采用PC服务器配备通用Window系统平台，并采用通用的C语言和Oracle数据库来进行过程控制系统的开发。采用多进程线程的框架化、模块化的结构设计，实现过程控制系统的功能性。

(2) 过程控制系统轧件跟踪功能的研究。结合国内某全连续热连轧生产线，针对全连续热连轧带钢生产线的特点，分析过程控制系统轧件跟踪功能的实现面临的关键问题。研究改进跟踪功能的具体方法，实现轧件的全线跟踪功能，同时实现相应的人工干预功能，保证跟踪的准确性。

(3) 轧制过程自动化实时数据采集和离线数据分析系统的研究。结合轧制过程自动化生产线的特点，研究如何使用SIEMENS CP5613 A2作为高速数据采集卡，通过PROFIBUS-DP连接基础自动化，使用Windows平台来开发满足实际需求的轧制过程自动化实时数据采集和离线数据分析系统。

(4) 研究中厚板三维简化的整体加权速度场、热连轧简化的整体加权速度场和对数速度场的建立方法，并分析其积分特点。研究内部变形功率、摩擦功率和剪切功率的整体积分方法，并研究线性化求解途径。研究轧制总功率泛函最小化的方法，开展现场轧制力数据采集工作，进行理论与实际数据比较，分析力能参数变化规律。

(5) 研究立轧三维速度场的建立方法,并分析其积分特点。研究立轧内部变形功率、摩擦功率和剪切功率的整体积分方法,并对其特点进行分析。研究狗骨形状的预测方法,并与同类模型计算结果进行比较,分析各自特点。

(6) 中厚板智能剪切关键技术探索与研究。从莱钢 4 300 mm 产线具体需求出发,研发了行业内首个基于机器视觉的中厚板智能剪切系统,系统与产线原有计算机控制系统充分融合,实现了钢板外观形状信息在线感知、钢板粗分和剪切粗略在线确定。

总的来说,本书分为两个部分,第一部分以板带轧制过程系统研究为主线,从板带轧制过程控制系统应用平台的设计和研发出发,针对全连续热连轧带钢生产线的特点,研究系统的轧件跟踪功能并进行改进,同时研究配合过程系统共同使用的轧制自动化数据采集与分析系统的设计与开发,进而分别研究可嵌入系统使用的平、立轧轧制力解析解法的数学模型。第 2、3、4 章侧重于工程应用,第 5、6 章在工程应用的基础上侧重于轧制力数学模型的理论解析。本书第二部分以中厚板剪切线为研究对象,系统分析了剪切线的现状及制约其生产效率的原因,研究了在苛刻工况环境下针对中厚板轮廓的数据采集、图像处理算法、智能剪切系统构建、剪切策略建模等一系列关键技术。

第2章 板带轧制过程控制系统应用平台

过程控制系统的计算机控制系统是轧钢生产自动化系统中的重要组成部分，其主要任务是根据生产工艺要求，结合实际生产状况，通过数学模型完成设定值计算，并将设定值下发给基础自动化。本章针对板带材轧制过程的特点，对过程控制系统进行需求分析，在此基础上对轧制过程控制系统应用平台RAS(rolling automation system)进行架构设计，进而实现系统的各项功能。

2.1 板带材过程控制系统需求分析

系统功能需求分析是系统架构设计的前提，只有进行充分的功能需求分析才能有针对性地进行系统设计。

2.1.1 可靠性与稳定性需求分析

过程控制系统的稳定性是实现其他功能的前提，它的长期稳定运行直接影响生产的稳定。这就要求过程控制系统具有以下特点：

(1) 良好的兼容性。由于过程控制系统常常需要和不同厂家的PLC、测厚仪、测宽仪等设备进行通信，所以需要尽量采用主流常用且成熟的软件和技术，包括服务器的操作系统、编程软件、数据库和各种接口协议等，这样既能保证系统的通用性，也便于系统的开发和维护。

(2) 强大的健壮性。健壮性包括容错能力和快速恢复能力。容错能力是指在异常情况下，如操作工在人机界面输入数据错误或者操作错误，系统计算数据错误时，系统能够自动进行有效性检查，做出保护动作确保输入、输出数据准确有效，从而保证系统正常运行的能力；快速恢复能力是指系统发生异常后，如网络中断，产生废钢，突然断电，误操作等，系统能够快速恢复到错误发生之前的状态，从而保证后续工作不受影响的能力。

(3) 各功能模块低耦合性。耦合性也叫模块块间联系，是软件设计的基本概念，指系统中各功能模块间相互联系紧密程度的一种度量，是影响软件质量的一个重要因素。模块之间联系越紧密，其耦合性就越强，模块的独立性则越差。过程控制系统必须是一种低耦合性系统，模块与模块之间的接口尽量少而简单，这就能够使各个功能模块独立地完成特定的子功能，有利于系统的容错和恢复。

2.1.2 工艺功能需求分析

过程控制系统承担着整个生产线的过程控制和优化控制的任务，其需要实现的功能包括：

(1) 系统维护功能

该功能对过程控制系统的整体进行管理和维护，包括系统各功能模块的启动、停止，变量监控，以及系统运行信息和故障报警信息的管理等。

(2) 数据通信、处理和数据管理功能

板带材轧制过程控制系统处于钢铁生产流程中的中间位置，快速的物理变形及其在物理加工过程中的热转换过程要求其与计算机控制系统的其他组成部分之间必须保证实时高速的数据通信。对于由通信传递来的实时数据，必须根据使用目的的不同进行不同的处理。另外对于内部数据及数据库数据，也必须进行有效的管理，以保证过程控制系统各功能的实现。

(3) 时间同步功能

过程控制系统各个服务器、客户端之间交互频繁，为了能找出故障时间点快速分析故障原因，各计算机的时间统一显得尤为重要。

(4) 轧件跟踪功能

该功能是过程控制系统的中枢，包括对轧件位置的跟踪和对轧件数据的跟踪。通过轧件跟踪可以在生产过程中为操作人员显示正确的信息，包括轧件位置、状态和相关的工艺参数，同时还可以为设定计算和全自动轧钢的逻辑控制等准备相应的数据。另外可以依据轧件跟踪信息触发相应的程序，对过程控制系统的功能模块进行调度。准确的轧件跟踪是控制轧制节奏和整个过程控制系统各项功能投入的前提。

(5) 设定计算功能

该功能是过程控制系统的核心。以轧制过程的数学模型为基础，通过轧制规程计算、板形控制参数计算、平面形状控制参数计算以及全自动轧钢控制参数计算来保证轧机实现高精度厚度和温度控制、板形和平面形状控制以及全自动轧钢控制，并通过模型自学习来提高数学模型的精度。设定计算功能的实现也是过程控制系统投入的根本目的。

(6) 全自动轧钢的逻辑控制功能

全自动轧钢的逻辑控制必须由过程控制系统和基础自动化系统共同协调完成。由过程控制系统根据轧件跟踪的结果，进行全自动轧钢的逻辑判断，产生水平方向上的辊道控制和垂直方向上的道次数控制(机架数)的全自动控制信息，并由基础自动化具体执行。

2.1.3　通用性和易扩展性需求分析

对于不同的轧线，不论是硬件配置还是工艺方法，过程控制系统的总体功能框架应该具有一定的适应性，其中的系统维护、数据通信、数据处理和管理等功能模块应该具有较强的通用性，不能对每个项目进行重复开发。而对于每条不同的轧线，由于其具体的控制范围和控制功能不同，相应的轧件跟踪、优化控制和模型设定功能模块应该可以灵活地进行修改，而不需要变动系统总体框架。

2.2　RAS 架构设计

参考当前过程控制系统的最新趋势，并保证 PC 服务器的性能要求，采用通用 PC 服务器作为载体，设计 RAS 轧机过程控制系统应用平台，在体系结构上分为 4 层，如图 2-1 所示。最下层为系统支持层，操作系统使用 Windows Server 2016；第二层为软件支持层，数据中心使用 Oracle，存储过程数据和实时数据，系统配置库使用 Access 数据库，存储系统配置文件，包括服务器 IP，端口号等初始配置；第三层为系统管理层，由系统管理中心（RASManager）和核心动态库组成；最上层为应用层，是系统具体工作进程，负责系统各个功能的具体实现。

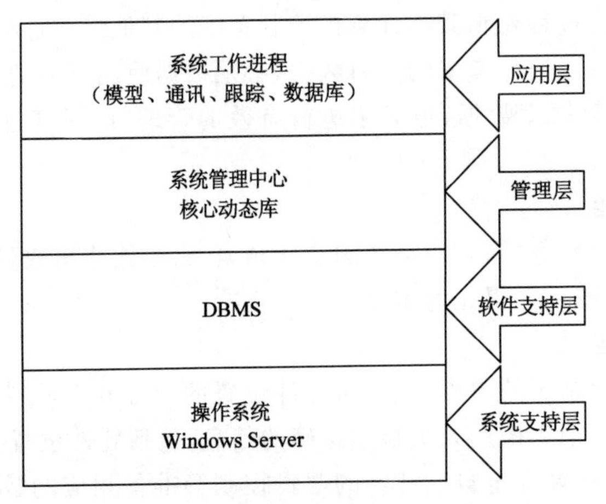

图 2-1　过程控制系统分层结构

2.2.1　RAS 进程线程设计

2.2.1.1　进程线程结构

考虑平台多任务性并行的特点，在进程级上采用一功能模块对应一进程，线程级上采用一线程对应一任务的模式。每个服务器有 5 个基本进程：系统主服务进程-系统管理中心 RASManager，网关进程 RASGateWay，数据采集和数据管理进程 RASDBService，跟踪进程 RASTrack 和模型计算进程 RASModal，分别负责系统维护、网络通信、系统的数据采集和数据管理、带钢跟踪和模型计算，如图 2-2 所示。

图 2-2 中虚线方框中的 4 个进程是工作者进程，每一个进程都是由系统主服务进程 RASManager 负责启动和停止，并监视他们的工作状态；每一个工作者进程又有它自己的主服务线程和工作者线程池，工作者线程池中是负责具体任务的工作者线程，系统进程线程关系如图 2-3 所示。

考虑系统容错性，平台进程级和线程级上都设计有自己的心跳信号检测机制，即主服务进程和主服务线程对每一个工作者进程和工作者线程都有心跳检测用于系统监控各个进程和线程的工作状态，如果发现有工作者进程或线程心跳信号不正常，就会迅速报警并重启。

以国内某热连轧产线精轧服务器为例，RASDBService 进程中具体任务线程如表 2-1 所示，进程主线程名和进程名一致，另有 19 个工作线程来分别完成不同的工作。1、8、9、10 和 11 号线程为预留线程供日后扩展备用，2 号线程为 HMI 存储线程 HMIDataW，主要用来存储和 HMI 交互的一些重要数据和时间点，例如操作工操作 HMI 的操作记录，可以作为轧线事故错误分析的重要依据；3 号线程为 PDI 存储线程 PDIDataW，主要存储带钢原始数据和参数；4 号线程为 PLC 存储线程 PLCDataW，主要负责存储轧制过程中的 PLC 传过来的

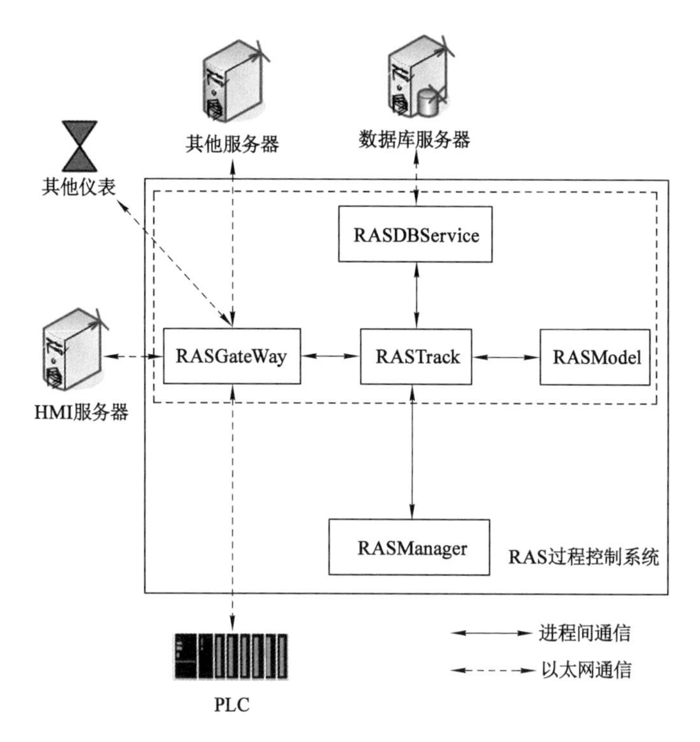

图 2-2　过程控制平台进程级结构

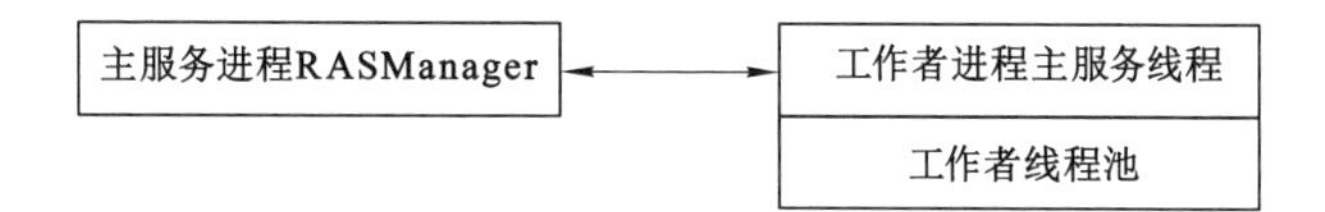

图 2-3　进程线程关系

实时数据；5号线程为模型计算结果存储线程 ModelDataW，负责存储模型设定计算和自学习计算出来的计算结果；7号线程为系统环境读取线程 EnvironmentR，负责在系统启动时读取客户机 IP、端口号和一些环境参数；12号线程为精轧过程数据存储线程 FMDataW，负责写入精轧机组在轧钢时的各机架设定和实测轧制力、轧辊速度、活套角度、电机电流等；13号线程为冷却过程数据存取线程 CoolDataW，负责把各个集管的健康状态、设定和实测流量、压力等写入数据库；14～19号线程是曲线绘制线程，负责把精轧出口厚度、精轧入口温度、精轧出口温度、精轧出口宽度记录下来，供报表查询时曲线绘制。

RASGateWay 进程中具体任务线程如表 2-2 所示，进程主线程名和进程名一致，另有12个工作线程来分别完成不同的工作。1、2号线程为过程机和基础自动化通信线程，负责周期和基础自动化通信；3、4号线程为 HMI 通信线程，也是周期进行通信，负责和 HMI 进行数据交互；5、6号为过程机间心跳检查通信；7、8号线程为过程机间数据通信；9号线程为模拟出钢线程，负责操作人员测试系统使用；10号线程为测厚仪数据发送线程，负责给测厚仪发送钢卷合金含量等信息；11号为宽度数据发送线程，当带钢完成精轧后精轧服务器负责给粗轧服务器发送当前带钢宽度数据供粗轧模型自学习使用。

表 2-1 数据库服务进程中各工作者线程

进程名	线程序号	工作者线程名	备注
RASDBService	1	EnvironmentW	系统环境存储线程(预留)
	2	HMIDataW	HMI 存储线程
	3	PDIDataW	PDI 存储线程
	4	PLCDataW	PLC 存储线程
	5	ModelDataW	模型计算结果存储线程
	6	Logger2DB	日志报警存储线程
	7	EnvironmentR	系统环境读取线程
	8	HMIDataR	HMI 读取线程(预留)
	9	PDIDataR	PDI 读取线程(预留)
	10	PLCDataR	PLC 读取线程(预留)
	11	ModelDataR	模型计算结果读取线程(预留)
	12	FMDataW	精轧数据写入线程
	13	CoolDataW	冷却模型计算数据写入线程
	14	ChartThkFMExit	精轧出口厚度记录线程
	15	ChartTemFMEntry	精轧入口温度记录线程
	16	ChartTemFMExit	精轧出口温度记录线程
	17	ChartWidFMExit	精轧出口宽度记录线程

表 2-2 网关服务进程中各工作者线程

进程名	线程序号	线程名	备注
RASGateWay	1	DataService	数据交换线程
	2	PLCProcess	PLC 通信线程
	3	ReadHMI	HMI 通信线程
	4	HMIProcess	HMI 通信线程
	5	mSender	消息信号发送线程
	6	mReceiver	消息信号监听线程
	7	dSender	数据发送线程
	8	dReceiver	数据接收线程
	9	PDIPackageTest	PDI 模拟数据包发送线程
	11	GaugeSend	测厚仪发送线程
	12	WidthSend	宽度发送线程(给粗轧)

RASModel 进程中具体任务线程如表 2-3 所示，进程主线程名和进程名一致，另有模型设定线程和模型自学习线程。带钢在轧线上将会有 3 次设定计算和 2 次自学习计算。

表 2-3　模型服务进程中各工作者线程

进程名	线程序号	线程名	备注
RASModel	1	ModelSetup	模型计算线程
	2	SelfLearn	模型自学习线程

RASTrack 进程中具体任务线程如表 2-4 所示，进程主线程名和进程名一致，1、2 号线程分别负责跟踪 PLC 和 HMI 信号，并进行相应的功能调度和数据采集，这两个线程是整个系统的总指挥；3、4 号线程为预留线程，方便后续功能扩展。

表 2-4　跟踪服务进程中各工作者线程

进程名	线程序号	线程名	备注
RASTrack	1	PLCTracker	PLC 跟踪线程
	2	HMITracker	HMI 跟踪线程
	3	PDITracker	轧件跟踪线程(预留)
	4	Controler	过程控制线程(预留)

其他服务器(热连轧粗轧或者冷却、中厚板轧机服务器)系统架构和精轧相同，只是各自的模型进程计算的内容和数据库服务进程的几个工作线程储存的数据不同。

2.2.1.2　进程线程通信

为保证过程控制平台进程间通信效率，采用进程间共享数据最快的方法——共享内存来实现各个进程间的数据通信，并使用临界区和事件对多个线程访问共享内存进行线程同步。

(1) 临界区

临界区是通过对多个线程的串行化来访问公共资源的一段代码。与其他同步对象相比，临界区相对较快，比较适合控制数据的访问。平台不同进程的线程对共享区的访问采用的是临界区的方式进行同步。比如 RASGateWay 进程和 RASTrack 进程的线程都需要对通信共享区 IOCOM 进行数据读写，这就需要使用临界区来做线程同步。

(2) 事件同步

事件是用来通知线程有一些事件已经发生，比较适合于信号控制，这种同步方式被广泛地运用到本平台中。平台在启动之初，就为所有工作者线程创建对应的事件信号，除跟踪模块中的其他线程启动后都是处于等待状态“待命”，一旦收到特定的事件信号，线程即刻被激活，进入到运行态，任务完成后线程阻塞进入等待状态“待命”，完成一个计算周期，如图 2-4 所示。

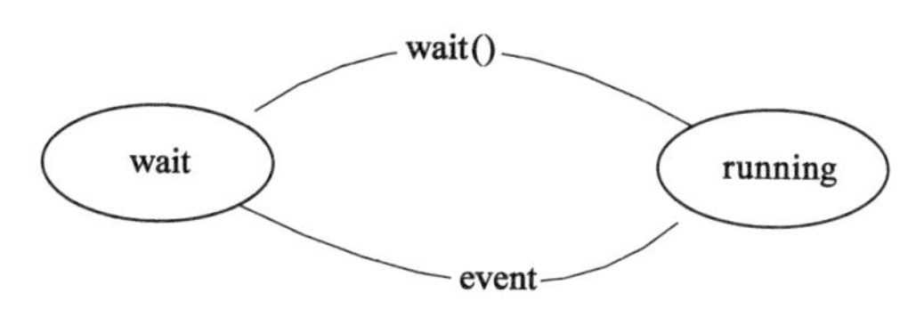

图 2-4　线程状态转换图

2.2.2 RAS 组件模块设计

考虑平台对于板带材轧制过程的通用性,设计使用组件模式,可以根据实际的现场需要进行适当的组件搭配,以完成不同现场轧制的需要,各组件模块按功能如表 2-5 所示,其中数据库接口模块、模型计算模块和轧制报表模块是可选的,依据不同轧线可以选择不同数据库模式、轧制模型和报表模式。

表 2-5 各个功能组件模块的可选性

组件模块	可选性
管理中心模块	必选
进程、线程管理模块	必选
日志、报警模块	必选
数据库接口模块	可选
内存管理模块	必选
网络通信模块	必选
轧件跟踪模块	必选
模型计算模块	可选
轧制报表模块	可选

进程、线程管理模块是各个模块的最底层支撑,负责进程管理和线程调度。使用操作系统内核事件来控制线程的启停,整个系统中每一个线程都有一个控制其启动的事件信号和控制其结束的停止信号,结合在跟踪进程中的各种仪表信号就可以直接进行任务调度,使任务调度极为方便快捷,调试人员只需专注于自己负责的具体工作,不用分担过多精力在系统调度逻辑中。工作者线程工作流程如图 2-5 所示,在主线程启动各个工作者线程后,每一个工作者线程都处于“待命”状态,直到有召唤它工作的信号触发它执行具体任务,执行任务完毕后会给主线程返回信息,通知主线程再一次进入“待命”状态;如果工作者线程等待到的不是任务信号而是线程退出信号,则工作者线程将会释放内存空间,安全退出,随后进程也会安全结束,系统关闭。

2.3 系统功能实现

下面以热连轧生产线过程控制系统为例来说明 RAS 系统功能的具体实现,不涉及数据数学模型和算法。

2.3.1 网络通信

2.3.1.1 与基础自动化的通信

与基础自动化的通信使用 TCP/IP 协议,包括接收和发送两部分。接收数据线程每隔 100 ms 触发一次,接收到的数据包括轧线上的检测仪表实测数据和各种控制信号,对于模型计算所需要的一些数据直接交给跟踪进程中的数据处理模块,对于需要存储的过程数据

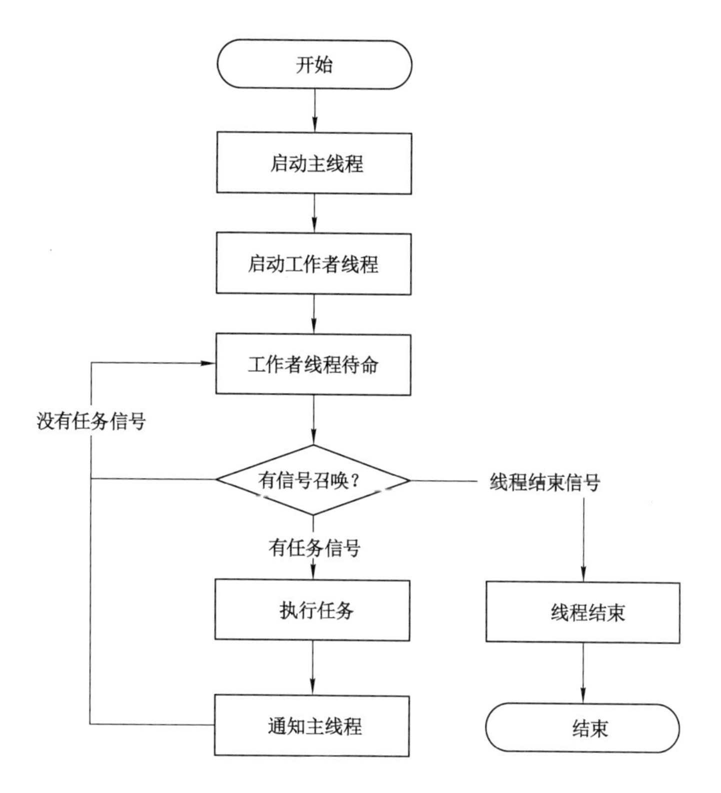

图2-5　工作者线程工作流程

交给数据采集模块进行存储。发送数据线程是由跟踪进程依据具体情况触发控制，发送的数据主要是模型设定数据，用于基础自动化控制设备执行具体工作。

2.3.1.2　与人机界面系统(HMI)的通信

与人机界面系统的通信接口采用双层结构，内层基于OPC协议，使用多线程技术在人机界面端建立OPC服务器进行数据读写；外层基于TCP/IP协议建立SOCKET通信，接口结构如图2-6所示。

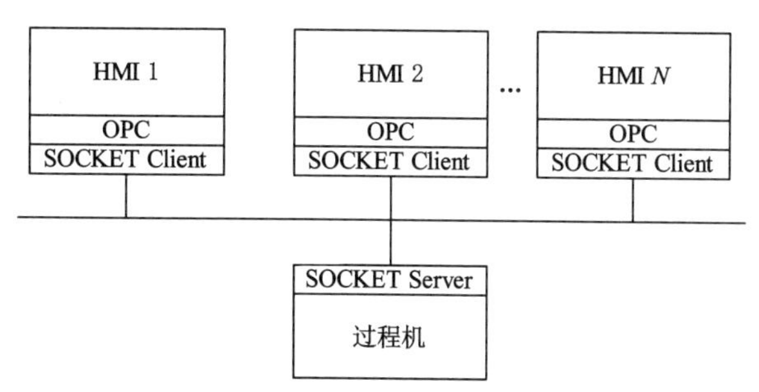

图2-6　HMI通信接口结构

在接收到人机界面的信号后，过程机就会触发对应线程进行执行任务，主要包括数据输入确认、轧件吊销确认、修正轧件位置确认(前移或后移)、班组更换确认、轧辊数据输入确认等。过程机发送到人机界面的数据主要是一些模型设定数据，当过程机设定数据发生改变时，跟踪进程的调度模块就会触发人机界面数据发送线程，以保证新的设定数据能够及时地显示在界面上。

2.3.1.3 过程机间的通信

整个过程控制系统采用分布式的布置模式，即依据每个服务器各自负责的主要计算任务而分别设置各自的独立服务器，例如热连轧过程可以大致设置粗轧、精轧、冷却服务器。过程机间采用 TCP/IP 协议进行通信。依据轧制工艺的逻辑顺序，各服务器的跟踪进程会触发服务器间通信发送线程给下一级服务器发送来料原始信息和成品信息，供不同服务器的跟踪进程进行数据的跟踪。

此外，过程机间还会采用 UDP 方式向网络广播一个周期为 500 ms 的心跳数据包用来通知其他服务器在线状态，以精轧服务器为例，如图 2-7 所示，各个服务器以广播的方式把自己的心跳包发送到网络中，同时还会不断从网络中收取其他服务器的在线状态，这样各个服务器不需要互相建立连接，在网络上各取所需，大大减小了系统负载。

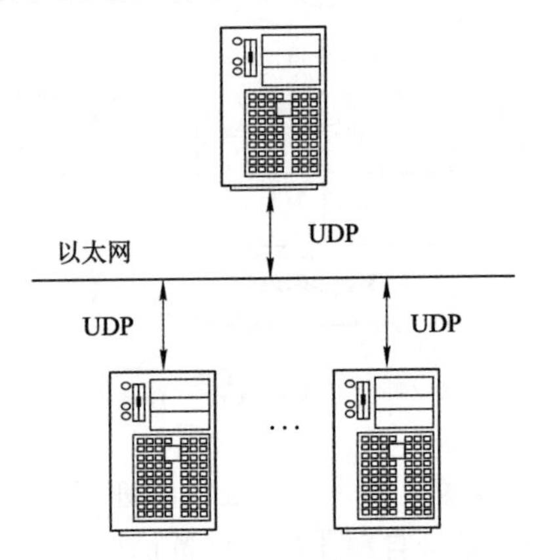

图 2-7 UDP 方式下服务器间拓扑结构

2.3.1.4 与测厚仪及其他外设的通信

过程机与测厚仪间的通信遵循 TCP/IP 协议，当带钢进入到控轧区后，过程机服务器需要把钢卷信息，包括合金名称、合金含量、目标厚度等，发送给测厚仪供气查询规程标定，测厚仪再返回回执数据包给过程机服务器。此外，过程机与测厚仪间还会互相发送一个周期为 500 ms 的心跳数据包用来监视对方的在线状态。

与测厚仪类似，过程机的网络通信模块还可以依据现场实际需要随时添加其他仪表的通信线程，方便对外设进行直接监控。

2.3.2 数据采集和数据管理

2.3.2.1 实时数据采集

由网关服务进程接收到的数据由仪表直接传输或者由基础自动化处理后传输，数据通信周期为 100 ms，直接交给数据采集模块进行预处理。来自现场仪表的测量数据主要包括：数据采集完成之后，用于数据库存储和供模型计算使用的数据，数据库存储数据包括现场所有的实时数据，便于以后数据查询和故障检查；模型计算数据主要包括设定计算数据以及自学习计算数据；模型计算数据主要包括启动模型计算逻辑的入口仪表的读数；自学习的数据包括带钢头部穿过机组时的各仪表参数，包括轧制力、平辊辊缝、立辊开口度、电机电流、电机转速以及机后测温仪、测厚仪、测宽仪的示数等。

2.3.2.2　数据管理

(1) 数据库管理

平台使用 OCL(oracle class library)技术进行数据库读写，OCL 技术以它在大批量数据操作上的优势，保证了数据存储的实时性和可靠性。

系统不同服务器的写数据库内容依据各自职能的不同而不同。一般的，粗轧服务器接收到加热炉出炉数据(来料原始信息)后，结合查询数据得到的 PDI 数据和粗轧模型计算的结果数据全部写入数据库中；精轧服务器负责写入钢卷精轧过程中的所有数据；冷却服务器负责写入各个集管的健康状态和钢卷的一些轧制信息，包括轧制时间、轧制长度等。典型的热连轧数据库关键表结构如图 2-8 所示。

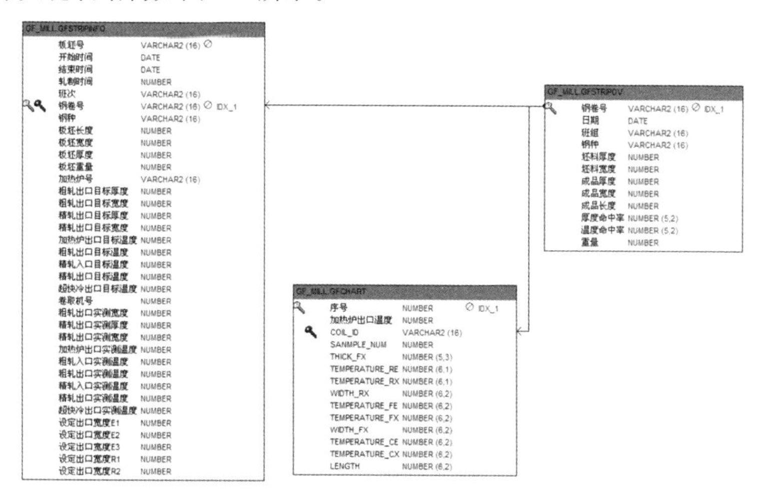

图 2-8　数据库关键表结构图

(2) 共享内存数据管理

生产线上的过程数据和实测数据全部存储在内存共享区中，根据数据种类和用途的不同，把数据共享区分为：原始数据区、设定计算数据区、实际测量数据区、跟踪信号数据区和其他数据区等。

① 原始数据区

原始数据区的数据包括钢卷号、材质、板坯尺寸、成品尺寸和质量要求等，它们是设定计算和自动控制的必要参数。带钢的原始数据一般以轧制计划的方式由上位机通过电文的形式传送给过程控制计算机。

数据一般包括来料数据、成品尺寸和性能要求三个部分。其中来料数据主要包括钢卷号、板坯号、钢种、板坯尺寸、板坯重量、化学成分、硬度等级以及热装标志等；成品尺寸主要包括加热炉出钢目标温度、目标厚度、目标宽度、粗轧目标温度、终轧目标温度、卷取目标温度等；性能要求主要包括目标屈服强度、冷却方式等。轧制计划数据是控制带钢生产的依据，过程计算机收到轧制计划后，将它们放入系统原始数据共享区内和数据库中，分别供跟踪模块和报表模块随时调用。

由于原始数据区是用来存放带钢原始数据和成品要求的，所以原始数据区在加热炉、粗轧和精轧过程机服务器中都有，而且数据结构完全相同。原始数据数据流如图 2-9 所示，为了减少网络负载降低通信复杂度，数据下发采用串联模式，即上位机先把存储的原始数据下发给加热炉过程机，加热炉过程机在钢坯出炉时触发信号，把原始数据下发给粗轧过程机，当粗轧设定完成后再把原始数据和粗轧设定数据同时下发给精轧过程机。

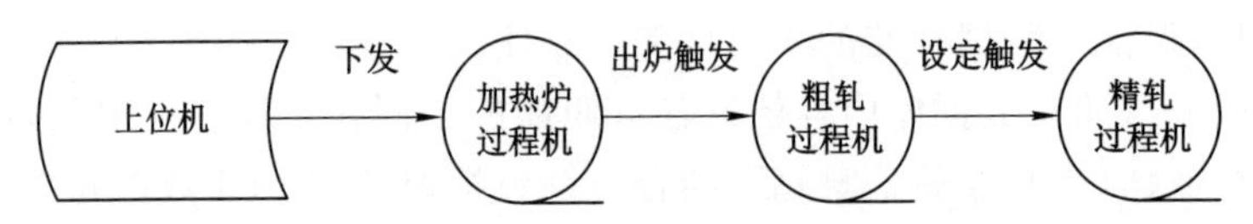

图 2-9　原始数据数据流图

② 设定计算数据区

设定计算数据区中存放轧制生产过程中各种工艺参数和模型计算数据。当钢坯从加热炉出炉以后，在粗轧、精轧的轧制过程及冷却的控制过程中，需要根据各个不同工序中的数学模型进行大量而复杂的计算，得出各种工艺量和设定值，这些模型计算的结果及一些中间数据都保存在设定计算数据区中。

依据数据用途的不同，设定计算数据区又细化分为轧制策略数据区和道次计划计算数据区。轧制策略数据主要包括：负荷计划号、负荷类型与负荷值、冷却策略、最大宽度压下、带钢的厚度等级和宽度等级、目标厚度、目标宽度、目标温度以及操作人员的各种修正量。道次计划计算数据则包括：厚度与宽度的绝对压下量以及厚度相对压下量；各机架的入口与出口厚度、宽度、温度和长度；各机架的轧制力、轧制力矩、压下位置、轧制速度、轧制功率以及变形温升等模型计算的中间结果；还包括各种长期和短期的自适应学习系数和机架零点修正系数等。设定计算数据是轧制控制中最重要的数据，对成品的精度和质量及以后的分析有着十分关键的作用。

③ 实际测量数据区

实际测量数据区存放着生产过程中的各种实测数据，分为机架相关实测值、机架无关实测值以及带钢实测值等。机架相关实际值包括机架号、道次号、各机架的实测轧制力、轧制力矩、辊缝及线速度等；机架无关实测值包括各种测量仪表的位置、带钢的实测厚度、宽度和温度以及相应置信度等；带钢全长实测值包括按长度方向每固定长度单位的厚度、宽度和温度的实测数据。这些数据是轧制数学模型自适应学习和进行动态修正的重要依据。

④ 跟踪信号数据区

跟踪信号数据区是专门存放跟踪信息的数据区，是跟踪模块进行轧件跟踪的依据。跟踪信息通过跟踪状态指示字中的置 0 和置 1 来表示。主要包括设备状态信号、机架状态信号、机架咬钢、抛钢信号以及人工干预信号等。

⑤ 其他数据区

其他数据区主要指轧辊管理数据区、报表数据区、轧制节奏数据区等。

2.3.3　带钢跟踪

带钢跟踪是过程控制系统的主要功能之一。带钢跟踪模块依据轧线上各个区域的冷金属检测器(CMD)或热金属检测器(HMD)和高温计(PY)等检测仪表的状态变化，不断更新各个区域的跟踪信息来实现。随着轧件在生产线上的移动，计算机依据各区域跟踪信息对每根轧件的实际位置进行判断，针对轧制生产中的原始数据、生产数据和成品要求等分别进行自动控制，依据不同位置触发点使用内核事件来触发相应的任务线程，是系统的总调度。

2.3.4　系统运行与维护设计

过程控制系统的系统运行与维护通过 RASManager 进程来完成，运行主画面如图 2-10 所示。界面上方菜单栏和工具条区域用于整个系统的启动、停止、进程查看重启等操作；右边侧边栏按钮是一些功能按钮，包括实时刷新查看 HMI 和 PLC 通信变量、模拟来料信号测试等实用功能，界面如图 2-11、图 2-12 和图 2-13 所示；中间区域为日志(变量)显示区；下方状态栏指示各个服务器在线状态：绿色表示在线，红色表示离线。

图 2-10　RASManager 运行主界面

系统日志文件记录着系统中特定事件的相关活动信息，系统日志文件是计算机活动最重要的信息来源，也是轧线故障分析的最直接的手段。日志存储格式和内容如表 2-6 所示，每一条日志信息包括了 5 个部分内容：Category 标识了该条日志的基本属性，分为普通日志(Log)和报警信息(Alarm)两种；Index 标识该条日志的子分类，取值为报警线程所属进程的标志及线程序号，Level 标识日志的级别，普通日志信息标识为“L”，报警级别分为 A～D 四个级别，A 级为最高级别；DateTime 标识日志信息的时间，精确到毫秒级；Message 部分为日志详细内容。

系统日志文件按天存储，每天一个日志文件。对于本系统并发任务繁多的特点而言，详尽的日志信息是前期调试和后期维护的有力保障。在系统运行过程中，系统通过日志管理

图 2-11　RASManager HMI 变量显示界面

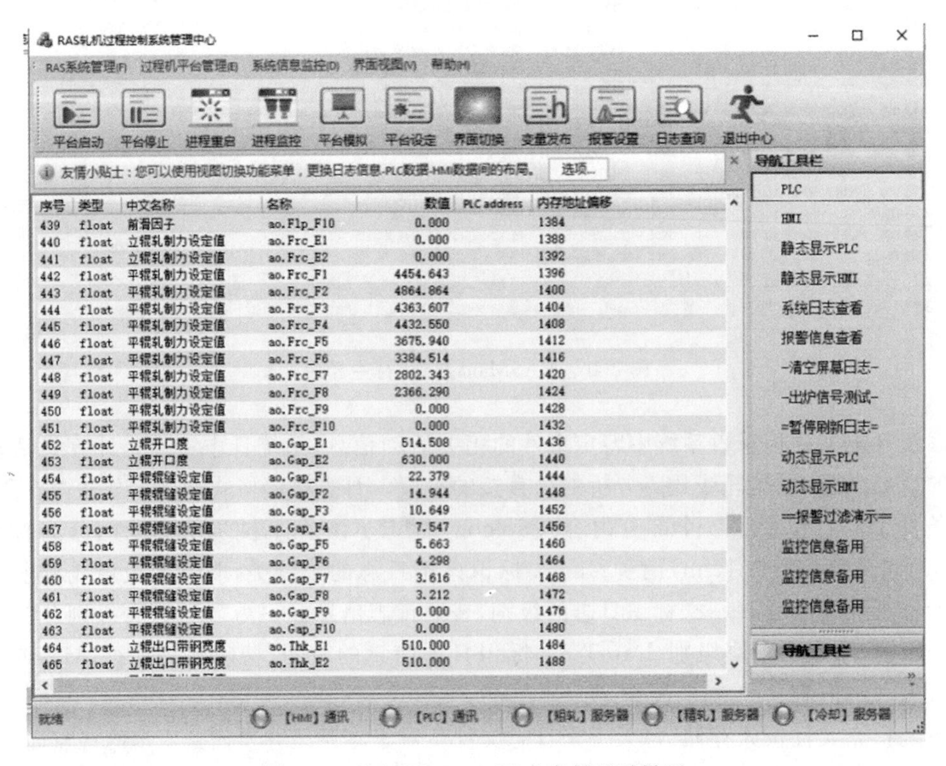

图 2-12　RASManager PLC 变量显示界面

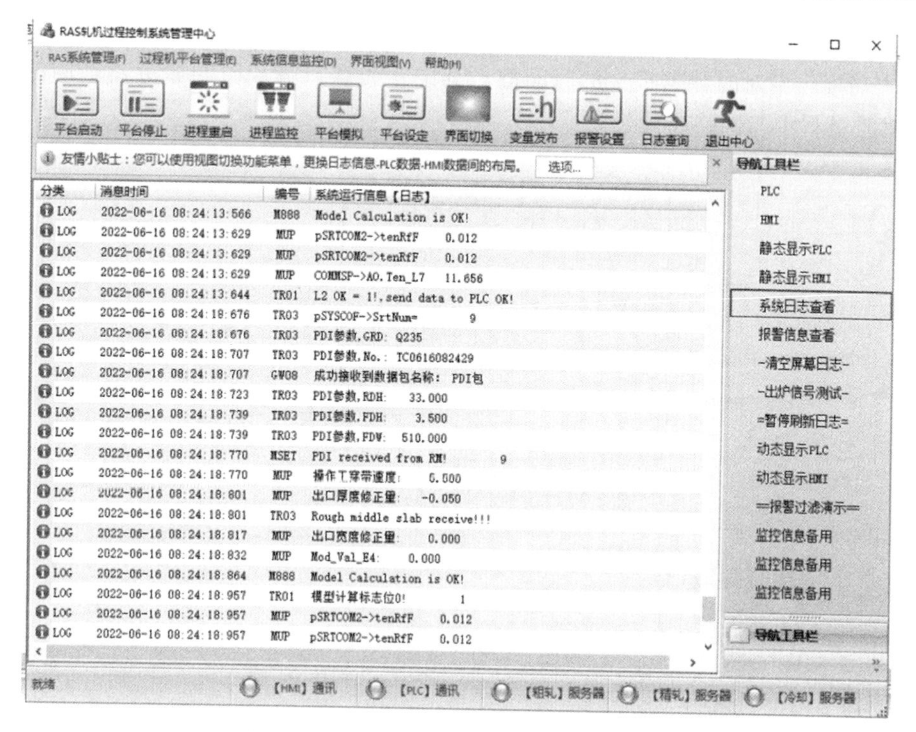

图 2-13　RASManager 系统日志显示界面

功能记录各种和轧制过程或系统相关的信息，为系统管理员提供一个有效的诊断机制；同时在软件开发和测试阶段，操作人员还可以依据实际需要来定制自己关注的功能信息，通过日志管理功能输出各类调试信息，用于软件缺陷的跟踪和功能确认，极大地方便了前期调试和后期维护。

表 2-6　日志存储格式及说明

字段名称	类型	长度	注释
Catagory	char	5	普通日志时为“Log” 否则为 “Alarm”
Index	char	5	子分类，标识进程名和线程序号(GW,M,TR,DB)
Level	char	2	普通日志为 L，报警级别分为 A～D 四个级别，A 为最高
DateTime	char	24	日志时间
Message	char	100	日志详细内容

2.3.5　时间同步

考虑过程控制系统只需达到毫秒级的精度需求以及考虑实施的简易性，系统采用软件方式进行对时，即客户机用对时软件与网络中的时间服务器通信请求对时，本地软件完成算法处理，得到修正时间写入本地操作系统时间。

2.3.5.1　传统时间同步算法

传统的时间同步算法时序如图 2-14 所示，T_1 为时间客户端发送对时报文请求的时间戳，T_2 为时间服务器接收到对时请求的时间戳，T_3 为服务器发送对时数据报文的时间戳，T_4 为客户端接收到对时数据报文的时间戳。其中 θ 为客户端和时间服务器之间的时间偏差，δ 为对时过程中的网络路径延迟。

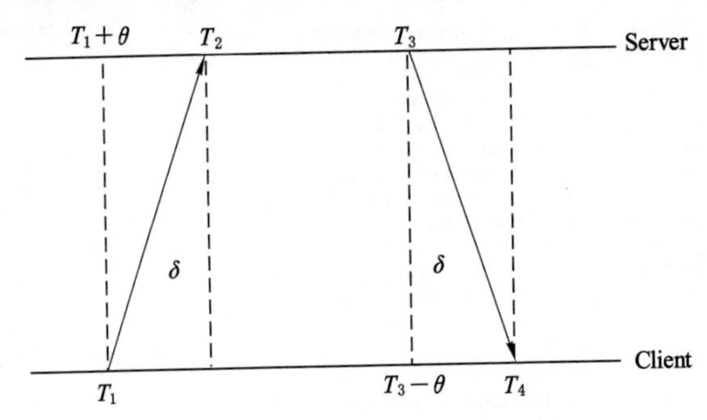

图 2-14　传统的时间同步算法时序

基于以上 4 个时间戳，有：

$$\begin{cases} T_2 - T_1 = \theta + \delta \\ T_4 - T_3 = \delta - \theta \end{cases} \tag{2-1}$$

由公式(2-1)可以解得：

$$\theta = \frac{(T_2 - T_1) - (T_4 - T_3)}{2} \tag{2-2}$$

$$\delta = \frac{(T_2 - T_1) + (T_4 - T_3)}{2} \tag{2-3}$$

基于以上算法，针对板带材轧制分布式网络布置结构，通常把 HMI 服务器作为时间同步服务器，网络结构示意如图 2-15(a)所示，对于网络中的每一个时间客户端，服务器都要有一个接收和发送线程对应。

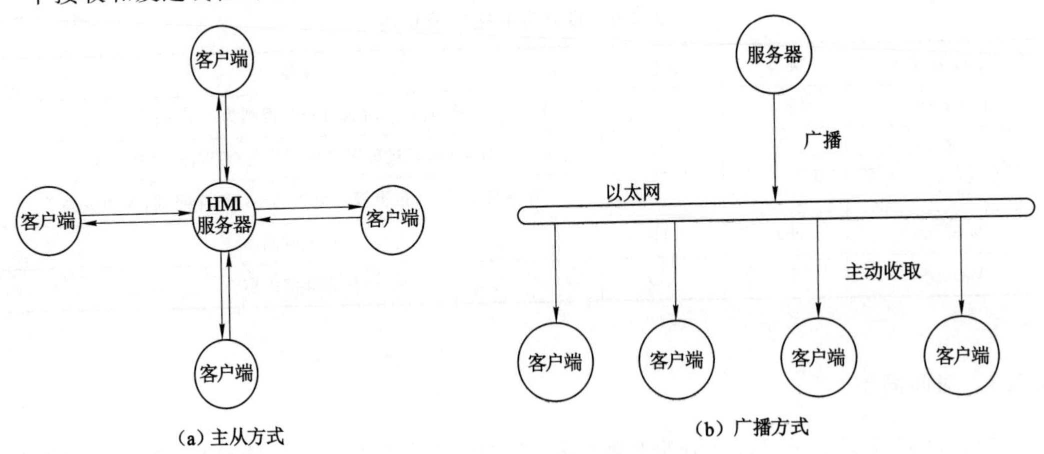

图 2-15　不同工作方式的时间同步网络结构

2.3.5.2　改进的广播模式时间同步算法

针对传统时间同步算法系统复杂度随着客户端数量的增加而加大的问题，本书对其进行改进，改进后的网络结构如图 2-15(b)所示。网络上的时间服务器使用 UDP 协议负责广播发送时间戳，网络上的其他计算机作为时间客户端，监听收取时间戳广播，时间客户端收取服务器发送的广播时间戳后，要依据图 2-16 算法进行时间设置。其中 T_{s1}，$T_{s2}\cdots T_{sn}$ 为时间服务器发送时间戳的时刻，T_{c1}，$T_{c2}\cdots T_{cn}$ 为时间客户端接收时间戳的时刻，δ_1，$\delta_2\cdots\delta_n$ 为单程传送延时，θ 为时间服务器和客户端之间的时间偏差。服务器按周期向网络中广播时间同步数据包，客户端主动收取，在累积收取 n 次之后得到方程组(2-1)，周期和次数 n 可以依据不同情况设定不同数值。

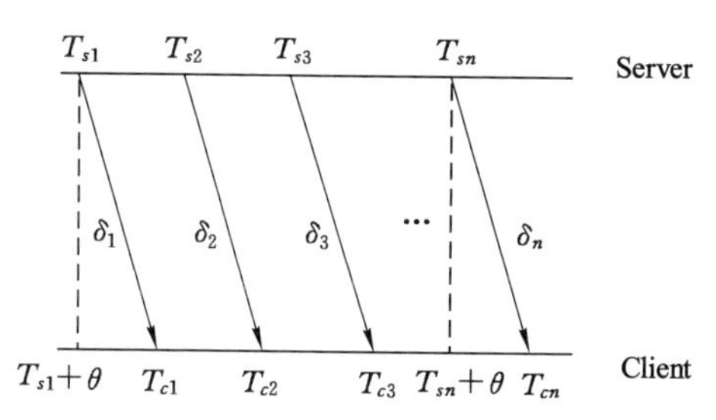

图 2-16　改进的广播方式时间同步算法

$$\begin{cases} T_{c1} = T_{s1} + \theta + \delta_1 \\ T_{c2} = T_{s2} + \theta + \delta_2 \\ \cdots \\ T_{cn} = T_{sn} + \theta + \delta_n \end{cases} \tag{2-1}$$

且假设所有传送延时都相等：

$$\delta_1 = \delta_2 = \cdots = \delta_n = \delta \tag{2-2}$$

依据公式(2-1)和式(2-2)可以计算出时间总偏差：

$$\theta + \delta = \frac{\sum_{i=1}^{n}(T_{ci} - T_{si})}{n} \tag{2-3}$$

进而在第 $n+1$ 次时间同步数据包收到后，时间客户端依据公式(2-4)设置本地时间，周期循环此过程，逼近服务器时间：

$$T_{\text{set}} = T_{s(n+1)} + \theta + \delta \tag{2-4}$$

2.3.6　数据报表

数据报表作为板带轧制过程控制系统的子系统，既能反映轧制过程中模型设定情况，又能对生产数据进行统计和分析，是模型数据分析和产品质量统计的重要工具，也为生产工艺的制定提供了数据基础。

系统的数据报表使用 Crystal Report 11 嵌入平台开发，同系统 Oracle 数据库连接，操作人员可依据钢卷号、生产日期、班组号等不同查询条件或组合条件生成钢卷数据报表，报表主要分为报表表头，PDI 数据，实测数据，粗轧、精轧模型数据，轧辊信息数据以及出口、入口关键数据曲线 7 个部分，具体如图 2-17～图 2-19 所示。

图 2-17 为钢卷数据报表表头、原始、实测及粗轧数据。报表表头包括板坯号、钢卷号、轧制开始时间、结束时间、轧制总时间和班次。

PDI数据				
钢种	板坯长度[mm]	板坯宽度[mm]	板坯厚度[mm]	板坯重度[kg]
GF08	6 000.00	350.00	150.00	2 000.00
加热炉号	粗轧出口目标厚度[mm]	粗轧出口目标宽度[mm]	精轧出口目标厚度[mm]	精轧出口目标宽度[mm]
1	35.00	352.00	1.45	352.00
加热炉出口目标温度[℃]	粗轧出口目标温度[℃]	精轧入口目标温度[℃]	精轧出口目标温度[℃]	超快冷出口目标温度[℃]
1 160.00	1 050.00	950.00	890.00	600.00
碳含量[%]	硅含量[%]	磷含量[%]	硫含量[%]	铜含量[%]
0.070	0.110	0.021	0.032	0.011
铬含量[%]	锰含量[%]	镍含量[%]	铌含量[%]	钒含量[%]
0.040	0.330	0.015	0.000	0.000
钛含量[%]				
0.000				

实测数据				
卷取机号	粗轧出口宽度[mm]	精轧出口厚度[mm]	精轧出口宽度[mm]	加热炉出口温度[℃]
2	359.04	1.45	357.74	0.00
粗轧入口温度[℃]	粗轧出口温度[℃]	精轧入口温度[℃]	精轧出口温度[℃]	超快冷出口温度[℃]
1 100.41	1 090.17	1 102.43	855.94	0.00

粗轧设定/实测数据									
序号	出口宽度[mm]	出口厚度[mm]	开口度[mm]	辊缝[mm]	轧制力[kN]	电机转速[r/min]	穿带速度[m/s]	出口温度[℃]	轧制电流[A]
E1	346.97	0.00	345.90	0.00	438.32	22.82	0.41	1 147.40	34.57
	346.97	*0.00*	*345.90*	*0.00*	*438.32*	*0.00*	*0.41*	*0.00*	*87.27*
R1	0.00	102.20	0.00	100.94	3 149.43	498.91	0.56	1 141.88	498.91
	0.00	*102.20*	*0.00*	*100.94*	*3 149.43*	*0.00*	*0.56*	*0.00*	*837.00*
E2	349.73	0.00	37Z47.18	0.00	368.09	28.71	0.60	1 134.73	43.50
	349.73	*0.00*	*347.18*	*0.00*	*369.09*	*0.00*	*0.60*	*0.00*	*193.79*
R2	0.00	70.18	0.00	68.72	2 966.29	558.70	0.80	1 128.87	558.70
	0.00	*70.18*	*0.00*	*68.72*	*2 966.29*	*0.00*	*0.80*	*0.00*	*867.93*
R3	0.00	47.01	0.00	45.00	3 140.59	781.68	1.21	1 115.69	781.68
	0.00	*47.01*	*0.00*	*45.00*	*3 140.59*	*0.00*	*1.20*	*0.00*	*1 115.63*
E3	354.56	0.00	351.45	0.00	304.24	49.61	1.31	1 109.02	75.16
	0.00	*0.00*	*351.45*	*0.00*	*304.24*	*0.00*	*1.31*	*0.00*	*385.16*
R4	0.00	47.01	0.00	47.31	0.00	0.00	1.27	1 104.38	0.00
	0.00	*47.01*	*0.00*	*47.31*	*0.00*	*0.00*	*0.00*	*0.00*	*0.00*
R5	0.00	35.00	0.00	33.60	2 333.52	647.85	1.65	1 091.55	647.85
	0.00	*35.00*	*0.00*	*33.60*	*2 333.52*	*0.00*	*1.65*	*0.00*	*830.33*

图 2-17　钢卷数据报表-原始、实测及粗轧数据

PDI 数据中主要包括板坯长度、宽度、厚度、重量，粗轧出口目标温度、厚度、宽度，精轧出口目标温度、厚度、宽度，冷却出口目标温度和各种化学元素含量等。

实测数据包括加热炉出口实测温度，粗轧入口实测温度，粗轧出口实测温度、厚度、宽度，精轧入口实测温度、宽度，精轧出口实测温度、厚度、宽度，冷却出口实测温度。

粗轧设定/实测数据									
序号	出口宽度[mm]	辊缝[mm]	轧制压力[kN]	电机转速[r/min]	轧制力[kN]	出口温度[degC]	轧制电流[A]	活套角度[°]	机间张力[Mpa]
E4	352.00	352.61	140.65	495.57	0.51	1 077.32	0.00	0.00	0.00
	352.00	*352.61*	*140.65*	*495.57*	*0.51*	*0.00*	*0.00*	*0.00*	*0.00*
F1	19.18	17.70	3 954.77	335.09	0.88	1 072.01	1 102.54	18.00	6.16
	0.00	*17.69*	*3 951.00*	*334.73*	*0.87*	*0.00*	*1 133.67*	*13.68*	*0.00*
F2	10.77	10.50	3 420.61	373.40	1.56	1 061.19	1 166.10	18.00	6.48
	0.00	*10.50*	*3 396.83*	*372.69*	*1.56*	*0.00*	*1 231.96*	*15.95*	*0.00*
F3	7.00	6.13	3 399.78	359.35	2.42	1 046.64	1 161.15	18.00	6.70
	0.00	*6.13*	*3 407.80*	*358.69*	*2.42*	*0.00*	*1 236.04*	*19.67*	*0.00*
F4	4.43	4.28	2 265.05	577.00	3.83	1 032.13	1 564.30	25.00	6.91
	0.00	*4.27*	*2 257.73*	*576.53*	*3.82*	*0.00*	*1 567.56*	*23.86*	*0.00*
F5	3.21	3.19	1 948.57	577.80	5.31	1 010.43	957.70	25.00	7.34
	0.00	*3.19*	*1 985.11*	*579.17*	*5.31*	*0.00*	*973.12*	*23.12*	*0.00*
F6	2.46	2.55	1 647.33	644.27	6.99	982.87	941.02	25.00	7.93
	0.00	*2.55*	*1 663.88*	*644.91*	*6.99*	*0.00*	*916.55*	*22.75*	*0.00*
F7	1.95	2.24	1 614.41	607.20	8.81	950.94	917.30	25.00	8.67
	0.00	*2.24*	*1 625.00*	*607.25*	*8.80*	*0.00*	*923.83*	*20.90*	*0.00*
F8	1.64	1.92	1 420.16	602.58	10.64	914.84	740.82	20.00	8.83
	0.00	*1.91*	*1 392.70*	*602.94*	*10.64*	*0.00*	*699.49*	*17.57*	*0.00*
F9	1.47	1.73	1 140.67	685.31	12.00	876.60	572.82	0.00	0.00
	0.00	*1.73*	*1 135.29*	*685.08*	*12.00*	*0.00*	*627.03*	*0.00*	*0.00*

粗轧辊号							
E1	R1	E2	R2	R3	E3	R4	R5
操作侧	上工作辊	操作侧	上工作辊	上工作辊	操作侧	上工作辊	上工作辊
es07	*awzc006*	*NULL*	*blw08*	*az02*	*eblq004*	*awlq003*	*awz007*
传动侧	下工作辊	传动侧	下工作辊	下工作辊	传动侧	下工作辊	下工作辊
es01	*awzc01*	*NULL*	*awzc012*	*awlq004*	*eblq003*	*awlq08*	*xt-4*

精轧辊号									
E4	F1	F2	F3	F4	F5	F6	F7	F8	F9
—	—	—	—	上支撑辊	上支撑辊	上支撑辊	上支撑辊	上支撑辊	上支撑辊
—	—	—	—	*XT-30*	*CBLQ037*	*CBLQ040*	*CBLQ023*	*CBLQ049*	*CBLQ043*
操作侧	上工作辊	上工作辊	上工作辊	上工作辊	上工作辊	上工作辊	上工作辊	上工作辊	上工作辊
EBZC001	*EBZC012*	*BWLQ021*	*bwlq018*	*CWLQ061*	*CWLQ046*	*CWLQ047*	*CWLQ056*	*CWXT008*	*CWLW060*
传动侧	下工作辊	下工作辊	下工作辊	下工作辊	下工作辊	下工作辊	下工作辊	下工作辊	下工作辊
EBZC003	*BWLQ010*	*BWLQ015*	*BWLQ017*	*CWLQ062*	*CWLQ051*	*XT10083*	*CWLQ054*	*CWXT001*	*CWXT002*
—	—	—	—	下支撑辊	下支撑辊	下支撑辊	下支撑辊	下支撑辊	下支撑辊
—	—	—	—	*CBLQ014*	*CBLQ016*	*CBLQ013*	*CBLQ012*	*CBLQ017*	*CBLQ010*

图 2-18　钢卷数据报表-精轧及辊号数据

粗轧模型数据包括出口宽度、厚度、温度，立辊开口度，平辊辊缝，轧制力，电机转速，穿带速度和轧制电流。

图 2-18 为钢卷数据报表精轧模型和轧辊信息数据。精轧模型数据包括出口厚度、温度，辊缝，轧制力，电机转速，穿带速度，轧制电流，活套角度和机架间电流。粗轧、精轧模型数据全部分为设定和实测数据两部分，便于对比。

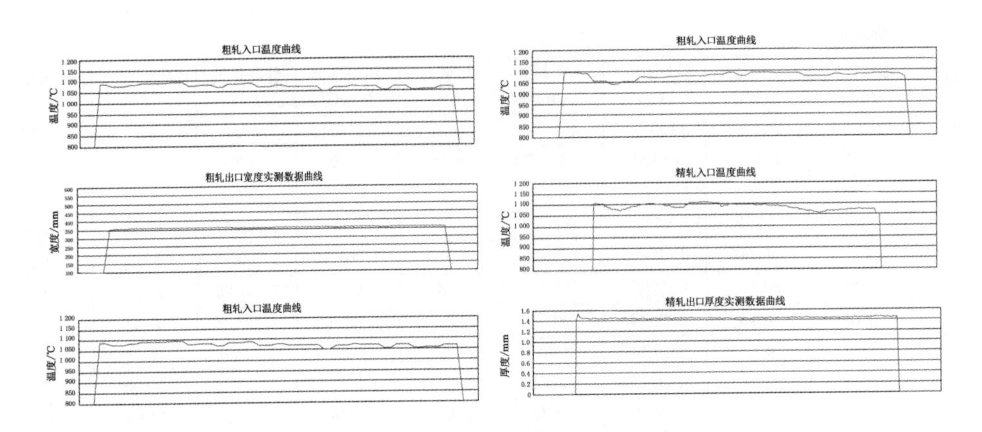

图 2-19　钢卷数据报表-实测关键数据曲线

轧辊信息数据主要包括粗轧、精轧各个机架的工作辊和支撑辊的辊号。

图 2-19 为出口、入口关键数据曲线，主要显示轧线关键位置的实测数据曲线，包括粗轧入口温度曲线，粗轧出口温度、宽度曲线，精轧入口温度曲线，精轧出口温度、厚度和宽度曲线。

2.4　现场应用

RAS 已成功应用于国内热连轧生产线中，过程机服务器使用 Dell R450，操作系统为 Windows 2016 sever；CPU 为 20 核，2.4 GHz 主频；内存为 32G；硬盘为 7 200 r/min 3 * 147G。各阶段平台运行关键指标如表 2-7 所示，表中列出了精轧服务器分别在无模型计算阶段、模型预计算阶段和模型自学习计算阶段各进程的 CPU 占用率、内存占用情况、通信丢包率和事件触发模式线程同步响应速度。其中 CPU 占用率和内存占用率是通过 Windows 任务管理器统计 100 块带钢得到的平台各个进程分别占用 CPU 和内存情况计算平均值得出；通信丢包率是使用仿真程序模拟 PLC，与过程机进行通信仿真，数据包大小为 4 K，是正常生产时数据包大小的 2 倍；线程同步响应速度即为线程对事件触发信号的响应速度，采用测量 1 000 000 次事件触发计算平均值，再对这个均值多次测量取均值为最终结果。时间同步算法使用改进的广播模式，在保证同步精度的同时有效地降低了系统网络结构的复杂度和计算机 CPU 负载。表 2-8 为算法改进前后关键指标比较。

生产线自 2022 年 5 月份正式投产以来，整个过程控制系统工作非常稳定，各项功能都已实现，过程控制系统的投入率 100%，带钢头尾厚度偏差控制在 ±35 μm 以内，时间同步功能精度达到 ±10 ms，实现了全自动轧钢。强大的数据中心为工厂产量统计和数据查询提供了全面的支持，多块带钢同时轧制的功能有效提高了产能。

表 2-7　RAS 各个阶段平台运行关键指标

<table>
<tr><th>进程</th><th colspan="2">内存占用/KB</th><th>CPU 占用率/%</th><th>丢包率/%</th><th>响应速度/μs</th></tr>
<tr><td>RASDBServise</td><td colspan="2">13156</td><td>1</td><td>0</td><td rowspan="8">4.373</td></tr>
<tr><td>RASGateWay</td><td colspan="2">5080</td><td>1</td><td>0</td></tr>
<tr><td>RASTrack</td><td colspan="2">4728</td><td>1</td><td>0</td></tr>
<tr><td rowspan="3">RASModel</td><td>无计算时</td><td>4616</td><td>1</td><td rowspan="3">0</td></tr>
<tr><td>预计算时</td><td>4648</td><td>2</td></tr>
<tr><td>自学习计算时</td><td>4688</td><td>2</td></tr>
<tr><td>RASManager</td><td colspan="2">7920</td><td>1</td><td>0</td></tr>
<tr><td>合计</td><td colspan="2">35500-35572</td><td>5～6</td><td>0</td></tr>
</table>

表 2-8　改进前后时间同步算法关键指标(4 客户端)

方式	服务器线程数	客户端线程数	CPU 占用率/%	内存占用/KB	精度/ms
改进前	8	2	4	5 000	±10 ms
改进后	4	1	2	2 000	±10 ms

2.5　本章小结

(1) 针对板带材轧制过程控制系统的特点,从可靠性与稳定性、工艺功能、通用性和易扩展性三个方面进行了系统的需求分析。

(2) 依照需求分析,设计并开发 RAS。考虑可靠性与稳定性,采用了通用 PC 服务器作为载体,操作系统选用 Windows Server 2016;数据中心使用 Oracle 存储过程数据和实时数据;系统配置库使用 Access 数据库,用来存储系统配置文件。考虑工艺功能需求多任务性并行的特点,采用在进程级上一功能模块对应一进程,线程级上一线程对应一任务的进程线程模式。考虑通用性和易扩展性需求分析,把 RAS 设计成组件模块式系统,按照不同轧线的特点可以自主选择合适的模块。

(3) 介绍了 RAS 的各个功能的软件实现,包括网络通信、数据采集和数据管理、带钢跟踪、系统运行与维护设计、时间同步和数据报表。

(4) 分析了 RAS 在国内某热连轧生产线上实际运行时各个阶段的关键指标,结果表明 RAS 具有足够的稳定性和响应速度,实现了全自动轧钢。

第3章　全连续热连轧快节奏轧制的全线跟踪

热连轧全线跟踪功能是热连轧生产线稳定运行的基础，是过程控制系统正常投用的前提。国内大部分中小型企业，轧线布置与宽带钢有一定的差别，其独特的轧线布置，需要对跟踪和控制系统进行优化，以适应现场的实际需要。本章针对国内某全连续热连轧生产线，结合过程控制系统，对计算机控制系统进行程序优化，对跟踪模块进行重新设计。

3.1　热连轧轧线布置

国内某全连续热连轧生产线加热炉采用推钢式加热炉，粗轧机组采用“一立一平一立两平一立两平”8 机架全连轧布置，精轧机组采用“一立九平”10 机架全连轧布置，后经输出辊道至卷取机成卷入库。轧线布置简图如图 3-1 所示。

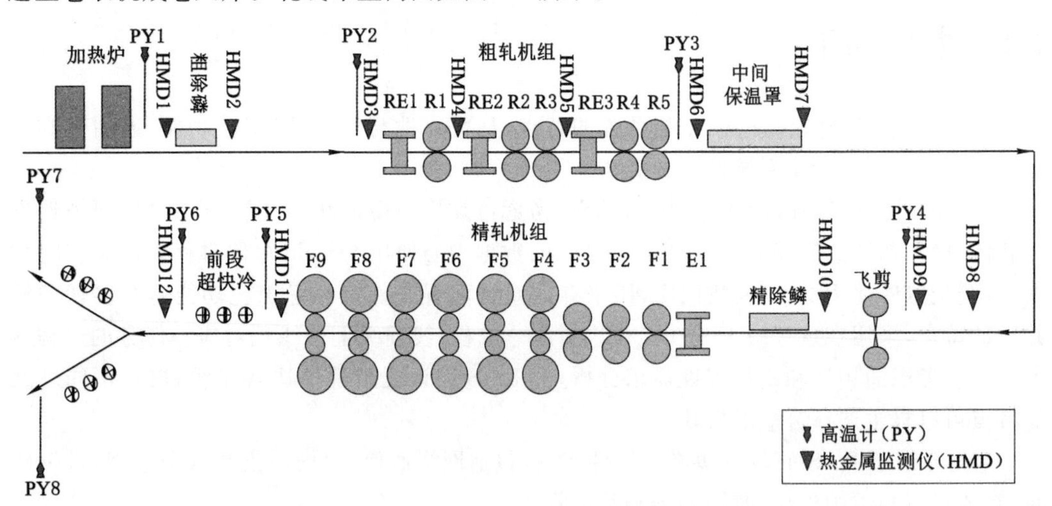

图 3-1　全连续热连轧生产线轧线布置

主要仪表配置情况：全线共配置有 8 个高温计和 12 个热金属检测器，粗轧和精轧机组后配有测宽仪，精轧机组后配置有测厚仪，粗轧平辊和精轧各机架均配置有压力传感器和位移传感器，用于对机架轧制力和辊缝的测量。各轧辊上配备速度编码器，用于轧辊速度的测量。

生产线控制系统为两级分布式计算机控制系统。基础自动化主要完成设备的顺序和逻辑控制，承担带钢全长质量控制的任务；过程自动化的主要任务是对全线的跟踪、数据采集以及工艺参数的优化设定，其中基础自动化（L1）配备 2 套 SIMATIC S7-400 PLC，以实现粗轧、精轧区的主令控制和活套控制；配备 1 套 SIMATIC TDC，以实现压下及厚度控制；配备 2 套 SIMATIC S7－300 PLC，以实现卷取控制和液压站控制。过程自动化系统采用 5 台

HP 机架式服务器，粗轧和数据中心、精轧和冷却、HMI 服务器各一台，另有 2 台作为轧区备用机和 HMI 备用机。另外，在各区的操作室内都配有 HMI 客户端，用于显示相关信息，并可进行画面操作。过程自动化服务器和 HMI 服务器以及数据中心都位于计算机室内，通过工业以太网与基础自动化 PLC、各操作室相连。

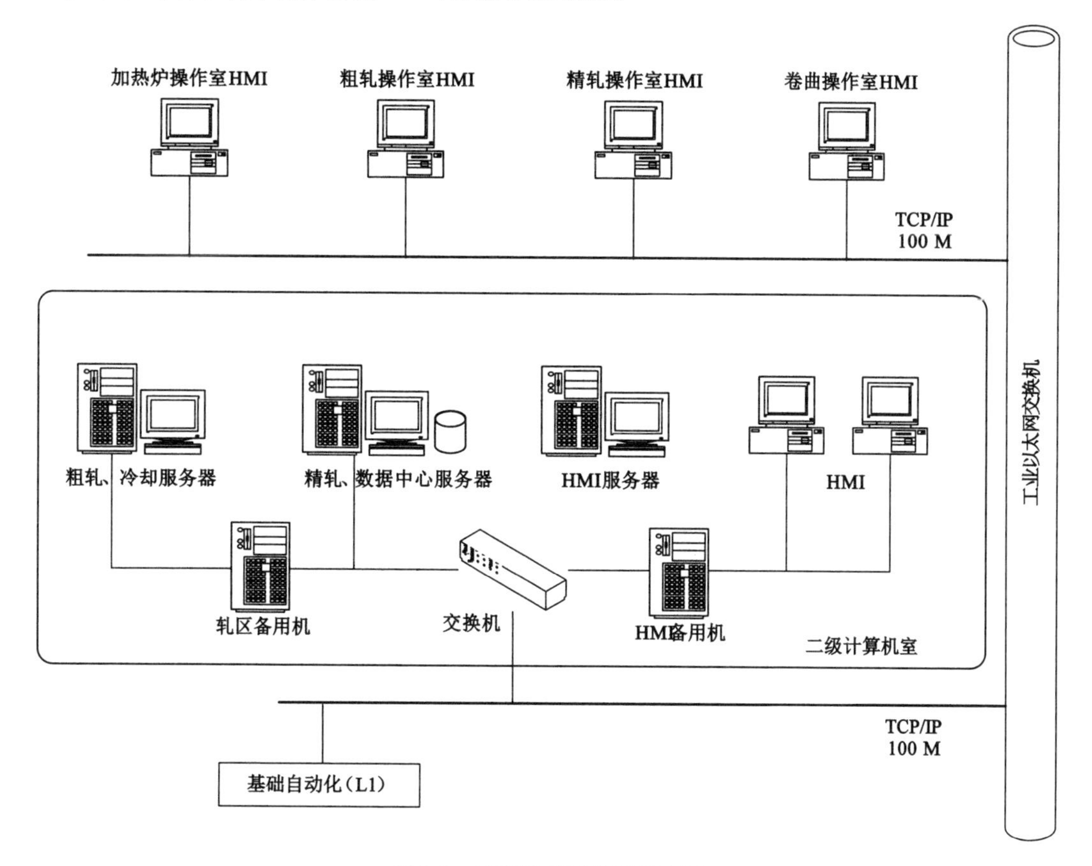

图 3-2　过程控制系统网络配置

3.2　跟踪功能分析

热连轧全线跟踪一般分成三个层次：位置微跟踪，由基础自动化（Leve l）负责；过程跟踪，由过程控制级（Leve 2）负责；物料跟踪，由生产管理级（Leve 3）负责。三者之间的相互关系如图 3-3 所示。

（1）位置微跟踪功能实现轧件在轧线上精确的物理坐标位置跟踪，目标是确定轧件头尾等不同部位不同时刻在轧线上确切的坐标位置，为过程跟踪和物料跟踪的实现提供信息来源。

（2）过程跟踪是针对轧件在轧线某个区域内的工艺位置信息进行跟踪。负责对轧件工艺状态和各轧制过程数据进行记录，并触发过程计算机控制逻辑，以及实时数据处理过程。

（3）物料跟踪功能是实现坯料到成品的信息传递，生成生产计划，对带钢生产起到统筹管理的目的。

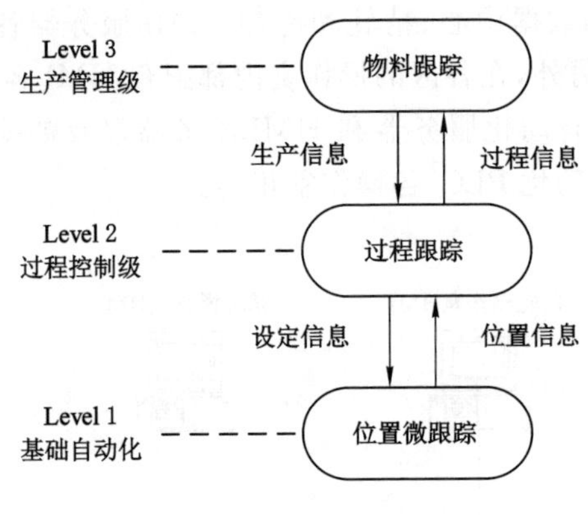

图 3-3 跟踪功能关系图

3.3 全连续带钢轧制全线跟踪的特点及应对策略

3.3.1 全连续带钢轧制全线跟踪的特点

由于此全连续热连轧生产线具有其独特的轧线布置，对控制系统的投用产生一定的困难。主要存在以下关键问题：

(1) 生产线不具备生产管理级(三级)，轧制计划不能准确下发，只能依靠操作工人工输入所轧制产品的信息，过程自动化难以接收到完整的 PDI 信息，影响过程控制系统的投用，以致无法进行全线跟踪。

(2) 粗轧区、精轧区由于机架数目一般大于 8 机架，轧区长度较长，为保证生产节奏和产品产量，需要同时进行两块带钢的轧制，使得过程控制更加困难。轧制过程中，将会触发过程自动化多次的模型设定和自学习功能，若轧制过程中出现变规格时，则需要区分轧区内带钢的准确信息，以免设定信息发生混乱。

(3) 现场情况复杂，可能会出现仪表不准导致误判断情况出现，把握模型触发时机困难加大。

(4) 升速轧制普遍应用于热连轧轧线，带钢尾部一般会降低轧制速度以保证抛钢过程的稳定；由于精轧入口温度存在差异(一般有±20 ℃的偏差)，会通过调整穿带速度保证带钢头部的终轧温度。可能会出现如下情况：为保证终轧温度，后一带钢的穿带速度大于当前带钢的抛钢速度，若两块带钢距离太近，则会发生带钢头尾发生“撞车”现象，产生废钢。

(5) 由于各种原因，可能产生跟踪错误的情况，必须有相应的补救措施。另外在生产过程中也会有各种的异常情况需要进行人工干预处理，所以必须有辅助功能对跟踪情况进行修正，能够在较短的时间内使跟踪功能运行恢复正常。

3.3.2 应对策略

针对上述关键问题，提出如下的解决方案。

(1) 把物料跟踪功能整合到过程跟踪功能中，通过在过程控制系统内嵌入物料跟踪功能，实现生产管理级的部分功能，如图 3-4 所示。

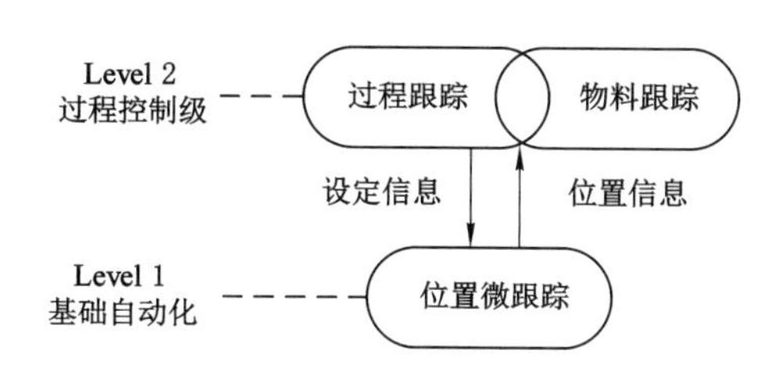

图 3-4　改进的跟踪关系图

在加热炉操作室内增加一台过程服务器，设立物料原始信息数据库和加热炉出炉客户端，物料原始信息包括坯料信息和成品信息，坯料信息包括板坯号、板坯长度、宽度、厚度、重量以及轧制数目等信息，目标信息包括轧制目标厚度、温度等。出炉客户端具有批量添加、修改和删除物料信息功能，与粗轧服务器通过工业以太网使用 TCP/IP 协议建立数据通信，粗轧服务器以数据包的形式，对 PDI 数据进行接收。物料原始数据流流动方向如图 3-5 所示，加热炉操作室通过出炉客户端从物料原始数据库中提取的物料原始信息发送给二级主控室的粗轧服务器，当粗轧抛钢生成抛钢信号之后，粗轧服务器把物料信息发送给精轧服务器；精轧完毕后由精轧服务器再把物料信息和钢卷信息发送给冷却服务器；卷取完毕后进入成品数据库。

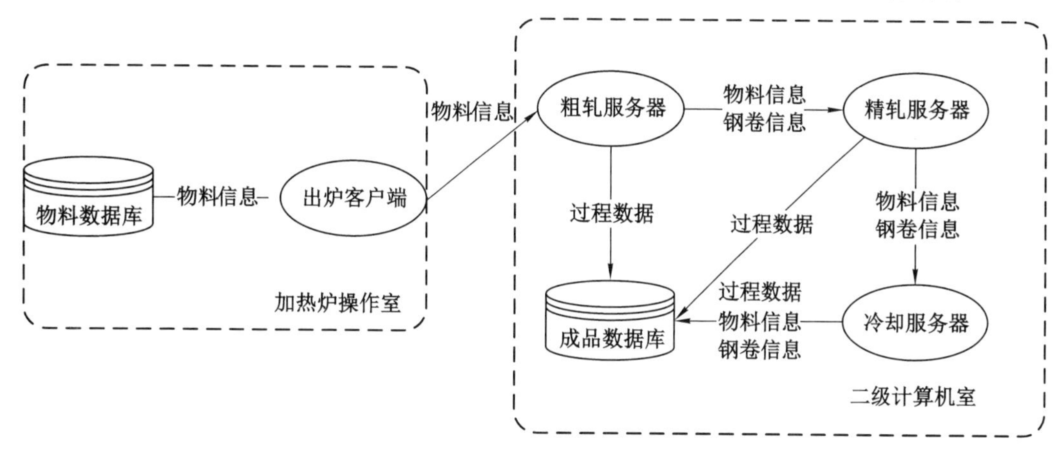

图 3-5　物料原始数据流图

(2) 为解决粗轧区和精轧区同时对两块钢进行轧制的问题，过程自动化 L2 将整条轧线轧区宏观分为如下逻辑区域：粗轧机前区，粗轧机中区，精轧机前区和精轧机中区，提出轧区内队列的概念，通过建立模型共享区和队列存储区，对其进行系统管理。模型共享区是粗轧和精轧过程机服务器为数学模型建立的专用共享内存区，供模型计算功能存储计算过程数据和结果数据，以便跟踪功能读取数据；队列存储区是粗轧和精轧过程机服务器为轧线上的钢坯过程数据建立的专用共享内存区，结合跟踪功能读取到的模型共享区内的数据，跟踪功能就能把轧线上不同位置的带钢和模型计算数据对应起来，避免设定信息混乱。每一个轧区内都建立两个逻辑队列，一个在用队列(第一队列)，一个备用队列(第二队列)，带钢存取优先进入在用队列，若出现轧区同时轧制两块带钢时，后一带钢进入备用队列。表 3-1 给出了轧区逻辑分区划分及区内队列移动触发条件。图 3-6 为人机界面(HMI)上的跟踪画面，可以看到粗轧机前有一块钢，粗轧机中有两块钢，精轧机中有一块钢。

表 3-1　轧区逻辑区域划分

区域	队列编号	移入条件	移出条件
粗轧机前	队列 1/队列 2	加热炉出炉	粗轧咬钢
粗轧机中	队列 1/队列 2	粗轧咬钢	粗轧抛钢
精轧机前	队列 1/队列 2	粗轧抛钢	精轧咬钢
精轧机中	队列 1/队列 2	精轧咬钢	精轧抛钢

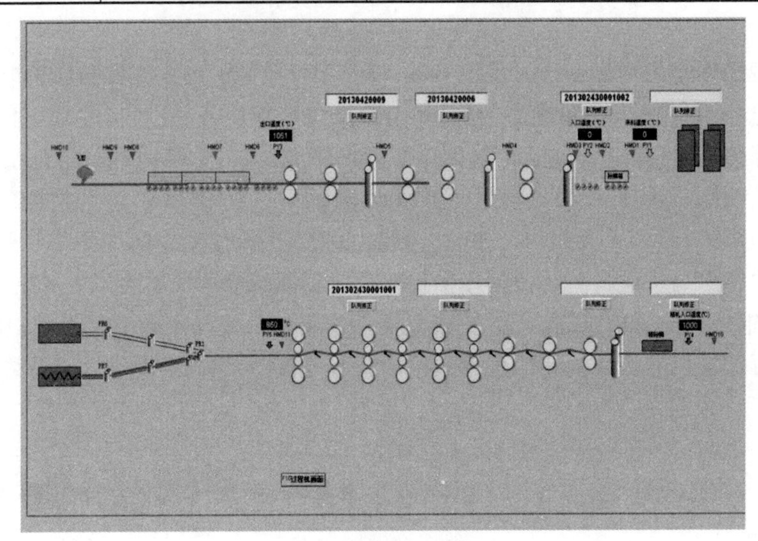

图 3-6　HMI 跟踪画面

同时基础自动化 L1 为每一个机架设立双存储区，分别储存前后带钢的规程，如图 3-7 所示。

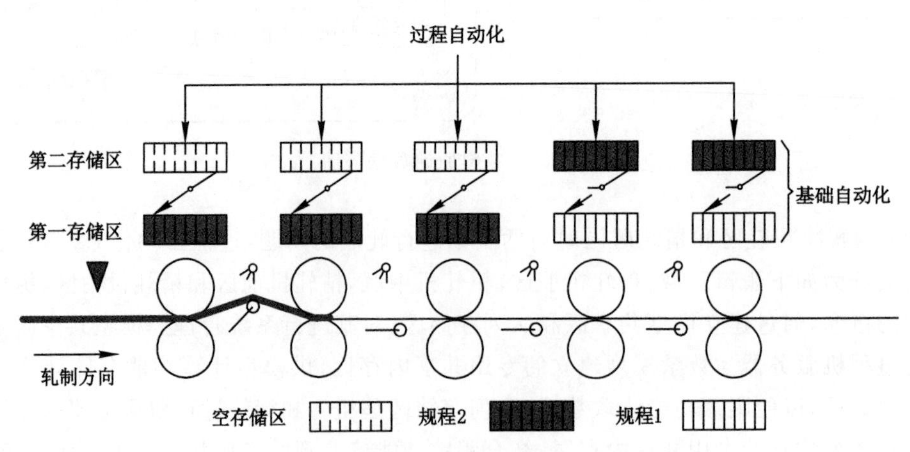

图 3-7　基础自动化存储区示意图

第一存储区用于存储当前带钢规程，第二存储区用于储存下一带钢规程。当后一带钢模型设定完成之后，即将设定规程存入第二存储区，当满足开关信号时，即将规程发至第一存储区。开关信号的选取以上游机架的咬钢信号(轧制力大于某一数值模型判定产生咬钢信号)为基准，首机架的开关信号为轧区入口前热金属检测器或高温计检的信号作为标志。

当轧制规程计算完成之后，将其存储在模型共享区中，当接收到现场设备抛钢信号时，进行本机架轧制规程的下发(如 F1 抛钢，下发后一带钢 F1 机架的规程，以此类推)。双存储区使得规程逐机架下发，抛钢机架顺次接收规程，这样就保证了同一机架只接受一块带钢的规程，从而消除了二者之间的干扰。

(3) 针对复杂的现场情况，结合模型触发逻辑，通过轧线各个仪表的有机组合使用，对触发逻辑进行优化，并对触发信号进行组合判断，加强了信号的可信度，减少仪表误判断。各个区域的模型触发逻辑和附加信号保护方式如表 3-2 所示。

表 3-2　模型触发逻辑及触发信号

区域	模型	触发逻辑	附加保护信号
加热炉	粗轧 0 次设定 精轧 0 次设定	加热炉出炉	加热炉出口仪表
粗轧区	粗轧 1 次设定 精轧 1 次设定 粗轧 1 次自学习	粗轧机前高温计 粗轧咬钢 粗轧抛钢	热检信号 咬钢电流/轧制力 咬钢电流/轧制力
精轧区	精轧 1 次设定 冷却 0 次设定 精轧自学习 粗轧 2 次自学习	精轧机前高温计	热检信号
		精轧头部抛出	精轧机后仪表
冷却区	冷却 1 次设定 冷却自学习	冷却区前高温计 冷却区后高温计	精轧机后仪表 热检信号

(4) 为防止两块带钢在精轧机组内或机后运输辊道发生追尾，对速度优化计算，后面带钢的各机架速度需要满足以下条件：

$$\int_0^t v_i \mathrm{d}t + L \leqslant \int_0^t v_i{}' \mathrm{d}t \tag{3-1}$$

式中　i——机架号；

v_i'——前一带钢的尾部抛钢速度；

v_i——后一带钢的头部穿带速度；

L——最小安全间距；

各机架抛钢速度和穿带速度可以根据秒流量恒定原理由下式确定：

$$v_i = \frac{v \cdot h}{h_i} \tag{3-2}$$

式中　v——精轧出口带钢速度；

h——目标出口厚度；

h_i——各机架设定出口厚度。

后一带钢的最大穿带速度需满足公式(3-1)所表示的条件，以此速度为限制条件进行规程的设定，结合机架间水量的调节，保证带钢头部的终轧温度，避免带钢“撞车”事故。

(5) 跟踪画面上对于每一个跟踪队列都备有“队列修正”按钮,操作人员可以通过它对画面上的带钢跟踪进行人工干预,这种方式使用方便,操作简单,能够在较短的时间内使跟踪功能运行恢复正常。

3.4 实际应用

本章介绍的全线跟踪方法已成功应用于国内某全连续热连轧生产线。以轧制规程中的速度信号为例,按本章的规程设定方法,相应的规程接受动作如图 3-8 所示;同理,轧制规程中的辊缝位置等其他参数也于同一时刻进行接受与执行。由图 3-8 可以看出,下一带钢咬钢时刻提前,缩短了轧制时间,提高了轧制节奏。

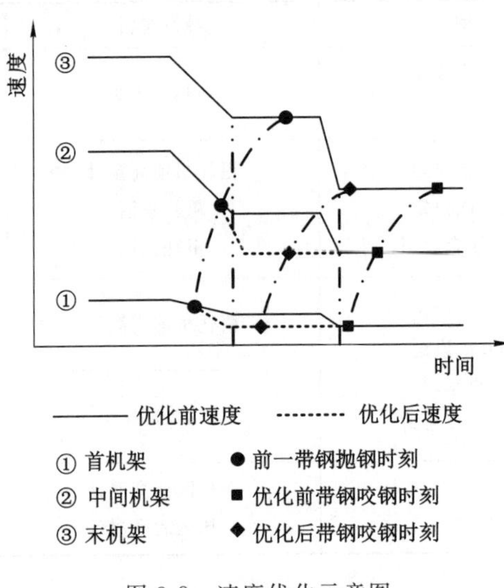

图 3-8 速度优化示意图

自产线投产以来,经过基础自动化和过程控制系统的分阶段调试使用,全线跟踪功能性能稳定,解决了轧区同时存在两块带钢的问题,有效地提高了轧线的生产效率,进而提高了产能。图 3-9 为生产线过程控制计算机室和现场精轧机组。图 3-10 为投产后 10 个月的产量统计,可以看到月产量逐步上升,投产后 5 个月已经达到设计月产量 65 kt。

(a) 过程计算机室

(b) 现场精轧机组

图 3-9 过程控制计算机室和精轧机组

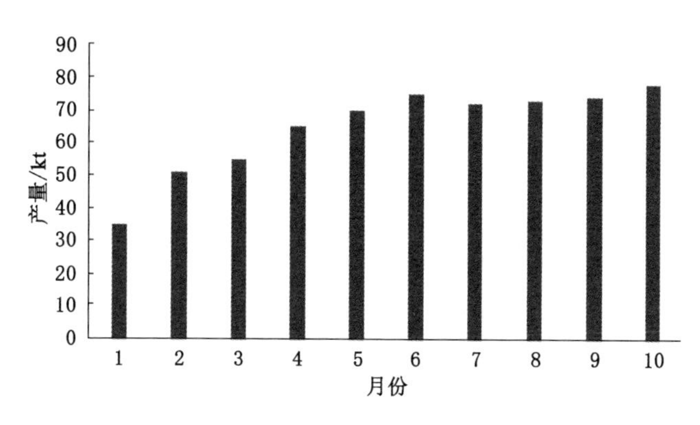

图 3-10　月产量统计图

3.5　本章小结

(1) 分析了热连轧全线跟踪功能，分为物料跟踪、过程跟踪和位置微跟踪，分别由生产管理级(L3)、过程控制级(L2)和基础自动化(L1)负责。

(2) 结合国内某全连续热连轧生产线，针对全连续热连轧轧线的特点，分析了过程控制过程中面临的关键问题：不具备生产管理级而导致 PDI 信息不全，全线跟踪困难；轧区长度较长而导致多块带钢设定信息混乱；仪表不准而导致的模型触发时机不准；升速轧制导致的带钢头尾发生“撞车”。

(3) 针对上述关键问题，提出一系列解决方案：改进跟踪功能，在过程控制系统内嵌入物料跟踪功能，实现生产管理级的部分功能，从而完成全线跟踪；提出过程控制级对轧区进行逻辑分区，区内划分双队列，同时基础自动化为每一个机架设立双存储区，使得位置微跟踪更加准确，设定信息下发准确；有机地组合轧线各个仪表信号，对模型触发逻辑进行优化；提出最小安全间距的概念，对后一带钢的最大穿戴速度进行限制。

(4) 通过改进的跟踪功能，双队列双存储区的设计，新的轧制规程发送时序，速度算法的优化，从控制角度解决了多块带钢同时轧制的问题，大大提高了轧制节奏，提高了单位时间产量。现场实际应用表明本章提出的跟踪方法具有一定的应用前景和推广价值。

第4章 轧制自动化数据采集与分析系统开发

工业数据采集一般主要有两种实现方法，一是利用A/D转换板卡，通过计算机总线将数据送至计算机记录或显示；一是利用组态软件的方法，通过编程实现与计算机外围接口的通信，从而获取数据。在轧制过程控制自动化系统中，可编程逻辑控制器(PLC)内部已经包括了与该控制系统相关的所有有用的数据，直接采集PLC内部变量即可，这就需要具有与PLC通信能力的计算机板卡与PLC连接进行高速数据传输，此时，A/D转换板卡则显得无能为力；而利用组态软件的方法由于受采样速率及采集信号数量的限制，只能显示信号的大致趋势，不能满足对大量数据高速采集的需求。尽管iba公司的PDA数据采集系统功能已经很全面，但昂贵的成本并不适合中小企业和实验研究。因此，寻找一种与轧制过程自动化控制系统链接方便、系统采样跟踪速度更快、结构相对简单且低成本的技术手段，已经成为必然。本章的主要工作是针对板带轧制过程的特点，对数据采集与分析系统进行功能分析，完成软件的设计和开发。

4.1 系统功能分析

数据采集与分析系统是轧制过程控制自动化系统中必不可少的一部分，其需要实现的主要功能包括：

(1) 高速实时数据采集功能。由于轧制自动化的控制对象是机电和液压设备，响应速度就成为了控制系统的第一要求，所以数据采集系统的采样速率只有小于等于控制系统的响应速度才会得到对故障、轧制过程及工艺分析有指导意义的合理、可靠的数据，才会对生产过程的信息集成有意义。

(2) 强大的数据再现和离线分析功能。有了高频率的实时采样数据，只有使其过程复现，进而离线进行分析，才能对系统的调试及故障原因查找提供依据，同时也为数据报告的生成和生产决策系统、ERP、MES等信息集成系统提供数据支撑。

系统的主要功能决定了其必须可靠且稳定。只有系统性能稳定，才能采集到可靠的实时数据，也就能够得到可靠的分析结果，做出可靠的生产决策，查找出可靠的生产故障。

4.2 系统内使用的主要通信技术

数据采集与分析系统硬件之间主要采用PROFIBUS－DP通信，系统内部进程间通信使用内存文件映射，线程间同步使用临界区和同步事件。

4.2.1 PROFIBUS-DP 通信

PROFIBUS 是 Process Fieldbus 的缩写，是一种国际性的开放式的现场总线标准，即 EN50170 欧洲标准。目前世界上许多自动化技术生产厂家都为它们生产的设备提供 PROFIBUS 接口，已经广泛应用于加工制造、过程和楼宇自动化。根据其应用特点可分为 PROFIBUS-DP(Decentralized Periphery 分散型外围设备)，PROFIBUS-FMS(Fieldbus Message Specification 现场总线报文规范)，PROFIBUS-PA(Process Automation 过程自动化)三个兼容版本，其应用范围比较如图 4-1 所示。

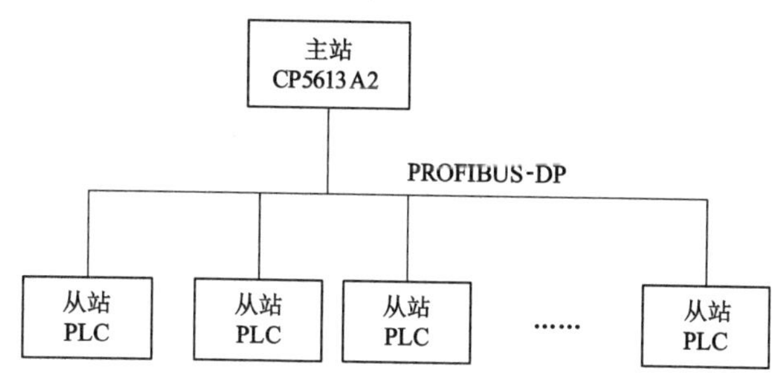

图 4-1 PROFIBUS 版本应用范围比较

(1) PROFIBUS-DP：提供优化的、高速而廉价的通信连接，专为自动控制系统和设备级分散 I/O 之间通信设计，可取代价格昂贵的 24 V 或 0～20 mA 并行信号线，用于实现设备一级的分布式控制系统的高速数据传输。它有快速、即插即用、高效低成本的优点。这类系统的构成包括 DP1 类主站(DPM1，中央可编程控制器)DP2 类主站(DPM2，可编程、组态、诊断的设备)和 DP 从站(进行输入、输出信息采集、发送的设备)。

(2) PROFIBUS-FMS：解决车间级通用性通信任务，提供大量的通信服务，适用于中等传输速度的监控网络以及大范围复杂的通信系统，常用于纺织工业、楼宇自动化、电气传动、传感器和执行器、可编程序控制器、低压开关设备等一般自动化控制。

(3) PROFIBUS-PA：是 PROFIBUS-DP 向现场的延伸，具有本质安全的特性，专为过程自动化设计，用于对安全性要求高的场合及由总线供电的站点。

其中 ROFIBUS-DP 用于现场层的高速数据传送。主站周期地读取从站的输入信息并周期地向从站输出信息。除周期性用户数据传输外，PROFIBUS-DP 还提供智能化现场设备所需的非周期性通信以进行组态、诊断和报警处理。它是一种令牌总线，具有确定型介质访问控制方式，虽然在物理连接上是总线结构，但在逻辑上却构成一个环结构，此方式具有速度快和协议开销小的特点使它非常适用于高速数据采集。本系统的高速数据采集卡 CP5613 A2 与 PLC 就采用这种方式连接，使用单主站模式，如图 4-2 所示，CP5613 A2 作为主站，PLC 为从站进行高速数据通信，最多可以挂 124 个从站 PLC。

4.2.2 内存文件映射

内存文件映射是由一个文件到一块内存的映射，对于高速采集的数据这种大数据量的文件有理想的读取速度，是各个进程、线程间最快的数据同步方式。

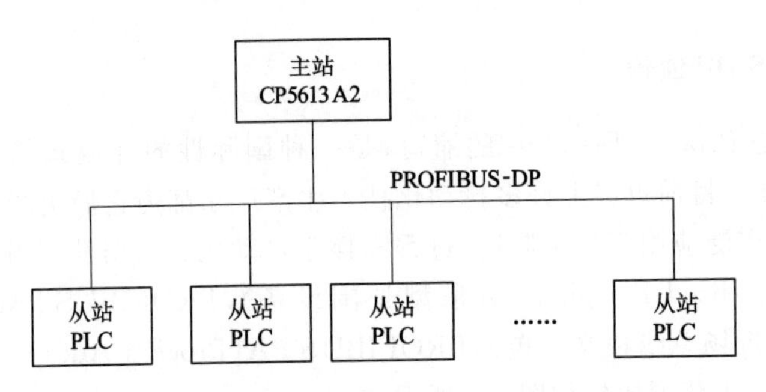

图 4-2　CP5613 A2 与 PLC 的主从站连接方式

4.2.3　临界区和同步事件

临界区和同步事件在 2.2.1.2 详细介绍过，由于其具有快速响应的特点，这两种同步方式也被广泛地运用到本系统中。

4.3　系统架构及开发软件

系统在体系结构上分为三层，如图 4-3 所示。最底层为系统支持层，操作系统使用 Windows 系统；中间为软件支持层，数据库和数据采集服务程序位于此层；离线分析和管理中心程序位于最上层，为软件应用层。

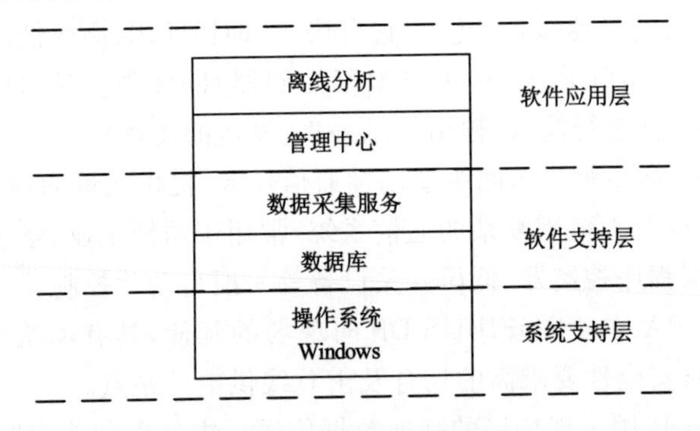

图 4-3　系统的分层结构

系统由数据采集服务器和离线分析客户端组成，如图 4-4 所示。服务器通过 PCI 插槽直接连接 SIEMENS CP5613 A2 作为高速数据采集卡，通过 PROFIBUS DP 与 PLC 连接，采用主从站模式，CP5613 A2 作为主站，PLC 为从站进行高速数据通信。数据采集服务采用 Windows 服务模式，随数据采集服务器系统启动而启动，并由系统管理中心对采集服务进行监视和控制，采集到的数据直接存入压缩数据文件中，供离线分析系统使用。客户端通过以太网和服务器连接，直接读取服务器采集到的数据文件进行离线分析。

系统硬件考虑 PC 服务器的性能能够保证系统的要求，采用了 32 位通用 PC 服务器，与之配套的系统平台采用 Windows XP 或 2003 系统；考虑与系统的兼容性以及功能要求，控制系统的开发软件采用 Visual Studio 2008，开发语言采用 C++；数据库开发采用 Oracle 10g。

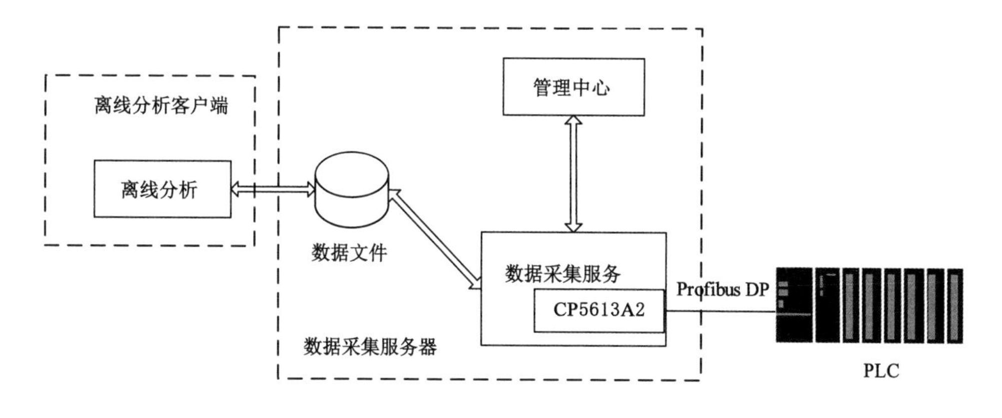

图 4-4　系统体系结构

4.4　系统软件设计

4.4.1　模块设计

系统采用模块化设计，分为在线数据采集模块和离线数据分析模块，其中在线数据采集模块由在线数据采集管理中心和在线数据采集子模块组成，如表 4-1 所示。

表 4-1　数据采集和分析系统模块

模块名称	子模块组件	运行方式
在线数据采集模块	在线数据采集管理中心	协同运行
	在线数据采集子模块	以服务形式后台运行
离线数据分析模块	离线数据分析子模块	独立运行

4.4.1.1　在线数据采集管理中心

管理中心是数据采集服务与用户的一个交互界面，与在线数据采集子程序协同运行，负责数据采集系统的管理和维护，包括系统配置文件编写，配置管理，Windows 任务进程控制，采集任务控制，信号控制，日志与报警。图 4-5 为在线数据采集管理中心用例图。

配置文件编写主要包括编写系统参数、信号分组和信号定义等；

配置管理主要包括数据文件设置、界面刷新周期、日志存储路径和网卡通信设置等；

Windows 任务进程控制主要包括采集服务的安装和卸载；

采集任务控制主要包括控制采集的启动、暂停和停止；

信号控制主要包括信号的添加、删除和曲线的放大、缩小及删除控制；

日志与报警主要包括日志与报警的监控、日志文件的存储及清除。

同时，管理中心也可监控数据采集的动态运行过程，可实时监控自动化信号的变化，观察到信号采样点所形成的曲线。图 4-6 为管理中心画面截图，左侧区域为采集信号名称，标识信号的名称、类型和所属模块；右侧为信号曲线显示区，实时显示曲线变化趋势；画面底部

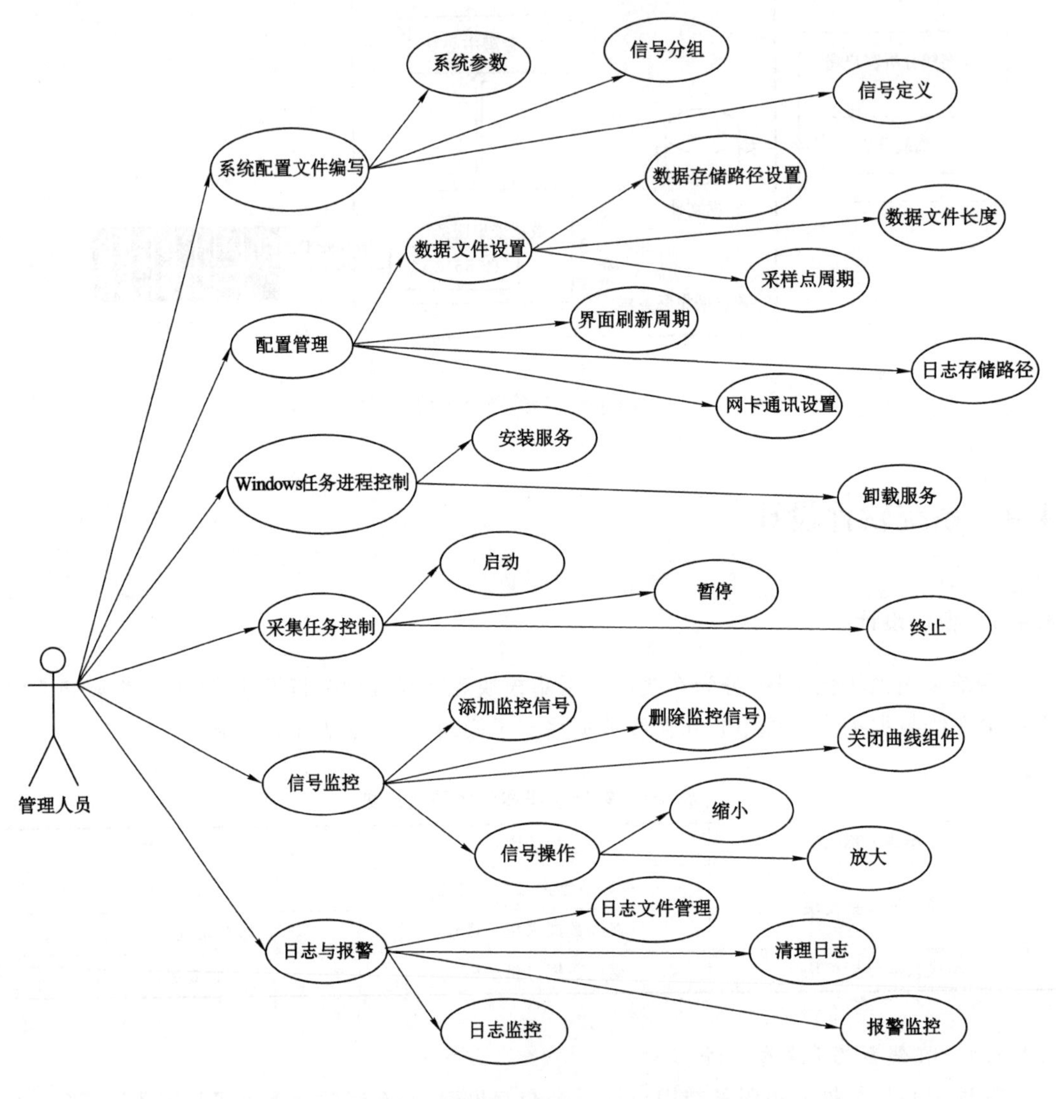

图 4-5　在线数据采集管理中心用例图

为系统日志显示区。

4.4.1.2　在线数据采集子模块

在线数据采集子模块负责在线数据采集功能，是进行数据采集的主要组件，以 Windows 服务模式后台运行，这种服务是可以长时间运行，可以随服务器启动时自动启动，也可以暂停、重启或停止，并在执行任务时不显示任何用户界面，也不出现在任务管理器中，并通过 Windows 系统时钟来确保采集周期精确在 1 ms。

在线数据采集子模块具有最高的进程线程优先级，这就意味着它可以随时抢占系统 CPU，保证其采集信号的及时可靠性。在数据采集达到一定的时间后，服务程序会把采集到的数据压缩、存储，期间使用数据缓存技术来减少 CPU 负载，使其能更专注地进行实时数据采集。此外由于系统服务程序没有任何的人机交互的手段，用户或者维护人员不能得

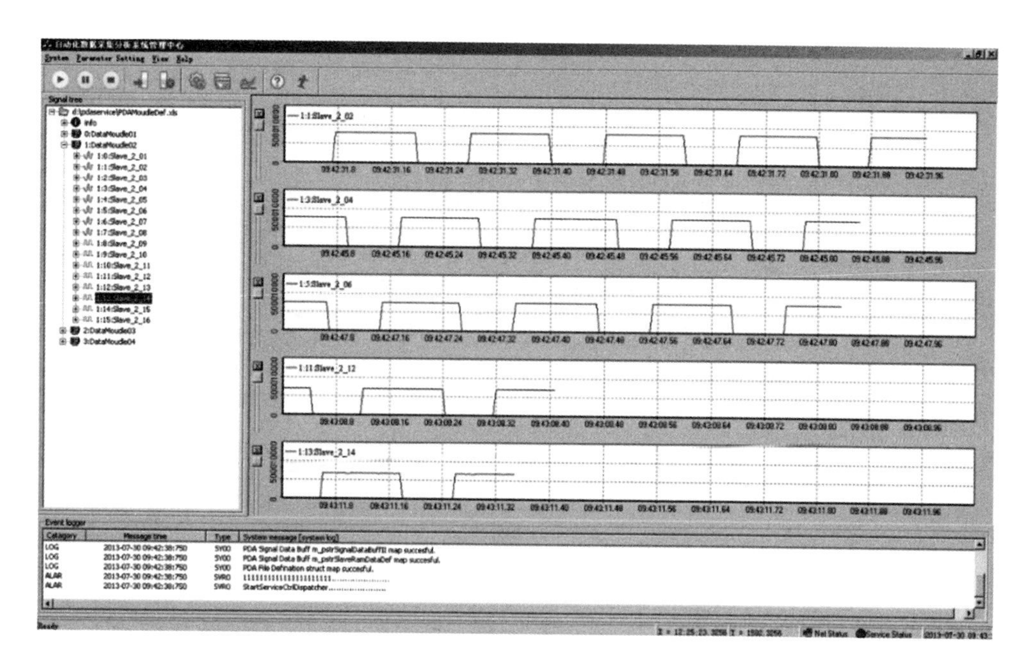

图 4-6　管理中心画面

知这种程序的运行状态，而 Windows 提供统一的日志管理机制，允许系统程序开发人员向日志管理中心输送自己的事件信息，用于调试和监控服务程序的运行结果，这样，管理人员也能够监控到服务程序正常或者出现崩溃的情况，因此在线数据采集子模块整合了日志报警功能，把应用程序日志和系统服务日志整合在一起，使用缓存技术统一发送到管理中心，在管理中心界面显示出来。

4.4.1.3　离线数据分析子模块

离线分析功能由离线数据分析子模块在客户端上通过以太网和数据采集服务器连接，读取服务器上的数据来实现，或者通过复制数据文件到本地电脑的方式，独立单机运行。离线分析子模块会根据已有的数据文件提供的采样数据描点，并连接相邻点绘制曲线，并可以依据分析的需要，做一些必要的数值、曲线变换，如傅立叶变换等，对数据进行离线分析；并提供了丰富的曲线分析功能，包括多曲线对比，单曲线鹰眼查找奇异点等，为前期调试、故障原因查找及工艺分析提供可靠依据。

图 4-7 为离线数据分析子模块用例图，具体功能主要有：信号树管理，曲线组件操作和信号分析。信号树管理主要包括数据文件管理和信号管理，数据文件管理包括导入和关闭数据文件；信号管理包括打开、添加和导出信号数据。

曲线组件操作主要包括新建、添加、删除和关闭曲线组件。

信号分析主要包括对信号的放大、缩小、公式变换、数值分析和鹰眼放大、动态调整等。

图 4-8 为离线分析模块画面截图，左侧为信号列表，右侧为信号曲线显示区，底部为数值分析区。

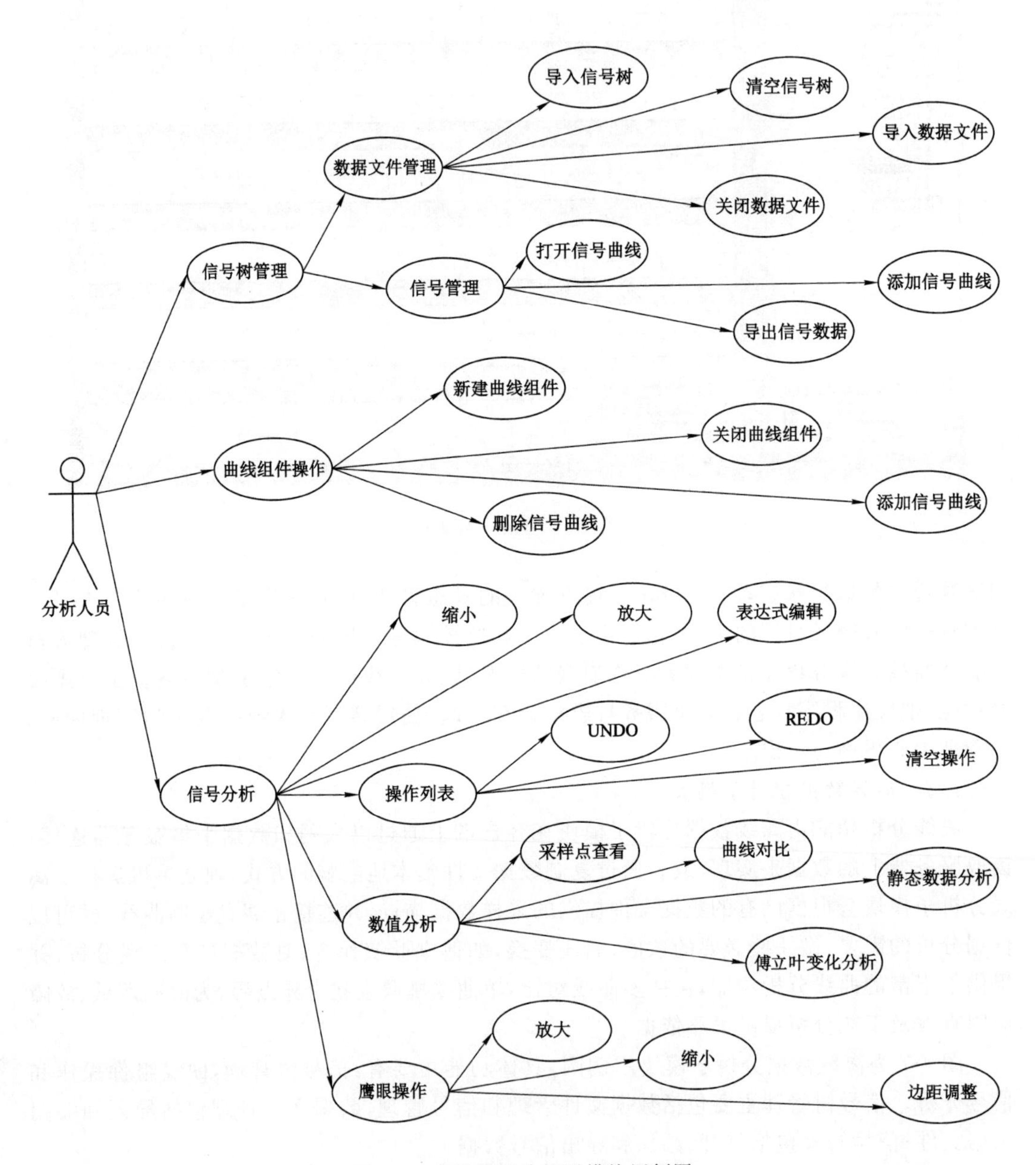

图 4-7　离线数据分析子模块用例图

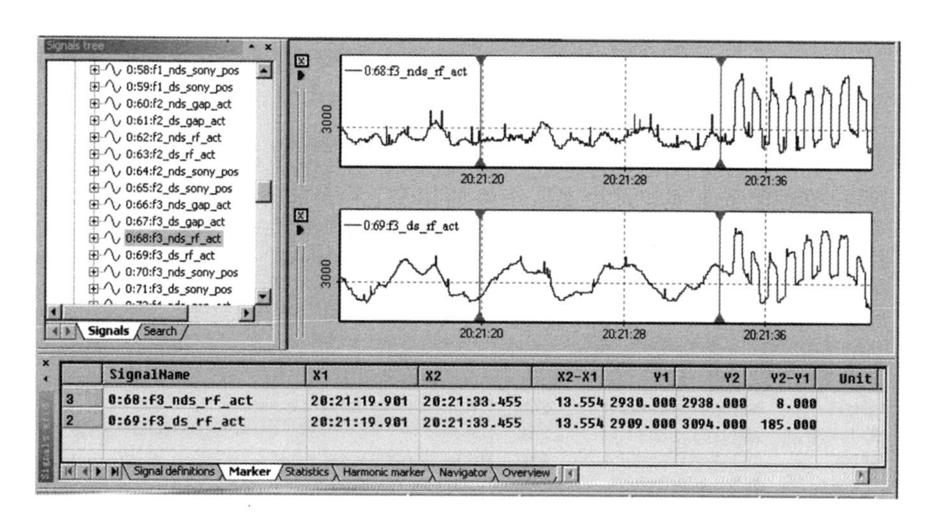

图 4-8　离线分析模块画面

4.4.2　系统维护设计

系统维护功能主要由在线数据采集管理中心负责。采集数据信号各个参数使用 Excel 文件的形式来配置,包括 2 个工作簿:信号分组(分模块)配置工作簿和信号列表配置工作簿,如表 4-2 和表 4-3 所示。

其中两表中的 FMoudleName 标识信号分组名称,一一对应。

表 4-2　信号分组配置工作簿

字段名称	中文名称	附加说明
FKeyID	参数序号	
FMoudleName	分组名称	
FMoudleCount	模块内信号的数量	不大于 244 个
Fcomment	备注	

表 4-3　信号列表配置工作簿

字段名称	中文名称	附加说明
FSlaveIndex	DP 网主从站中从站序号	取值 0～127
FMoudleName	信号分组名称	名称数小于 32 字符
FKeyID	信号的顺序	
FChannelName	信号名称也称为通道	名称数小于 32 字符
FUnit	信号数据的单位	
FPDASymbol	信号名称的中文备注	名称数小于 64 字符
FDataType	信号的数据类型	int2real,real, bool
FPDATimebase	采样点时间间隔	单位(ms)
FScales	采样点数据的小数位	0～3

4.4.3 系统日志设计

系统日志是有在线数据采集子模块自动生成的运行信息，包括应用程序运行信息和Windows 系统管理服务进程的过程中所产生的信息，系统有机地结合这两种日志信息，并统一地输出到管理中心的界面中，以备监控人员能清晰地看到系统的运行状态，运行结果如图 4-9 所示。

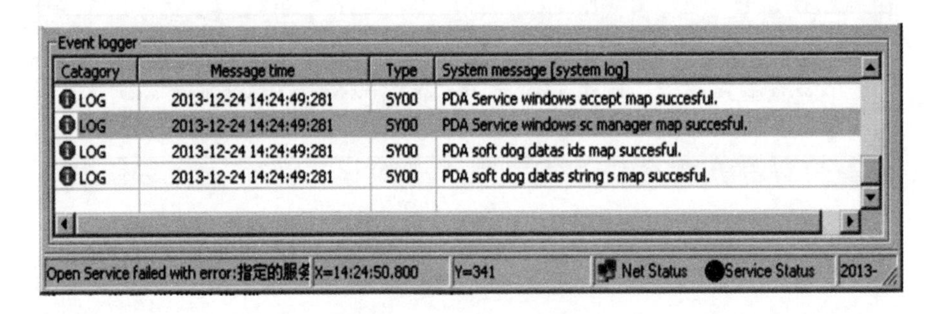

图 4-9　日志信息画面

日志信息有 2 种分类，一种是普通运行信息，使用蓝色图标，另一种是错误报警信息，使用醒目的红色图标；错误、报警信息根据问题的严重性，分为 5 个警告等级，分别使用了红色图标 A、B、C、D 和 E，根据图标的次序，判断信息的等级。同时，日志信息将实时地显示在管理中心界面的信息列表中，系统会根据报警信息的总数，不定时地清除信息列表框，也会定时地写入文本文件存储到硬盘里。

表 4-4　日志存储格式及说明

字段名称	类型	长度	注释
Catagory	char	5	标识日志级别
MessageTime	char	24	日志时间
Type	char	10	日志类型标识
Message	char	100	日志详细内容

4.5 应用效果

本章介绍的实时数据采集和离线分析系统已成功应用于国内多条热连轧生产线中，数据采集服务器使用研华工控机，操作系统为 Windows 10，硬件配置为双核 3.2 GHz 主频CPU，8 G 内存，5 400 r/min 250 G 硬盘。表 4-5 为本系统使用 4 ms 的采样周期，单个数据文件使用 3 分钟采集时长分别对 500、800 和 1 000 个信号（浮点型）的测试结果，可以看出内存占用率和 CPU 占用率都不大，单个数据文件经过压缩之后明显变小。

表 4-5　数据采集系统运行关键指标

信号个数	内存占用/KB	CPU 占用率/%	数据文件大小/MB	
			压缩前	压缩后
500	21 132	3	108	20
800	23 146	3	172	34
1 000	25 438	3	216	43

4.6　本章小结

本章结合轧制过程自动化生产线的特点，硬件使用 SIEMENS CP5613 A2 作为高速数据采集卡，通过 PROFIBUS-DP 连接基础自动化，软件在线实时数据采集使用 Windows 系统服务模式进行高速数据采集并对数据进行压缩存储，离线数据分析使用图形曲线分析技术实现对生产数据的再现，开发出了一套基于 Windows 系统的稳定高效且成本低的轧制过程自动化实时数据采集和离线数据分析系统，并成功应用于国内热连轧生产线中。系统较低的 CPU 和内存占用率、高速的数据采集功能和较小的数据存储格式为调试人员的前期调试和维护人员的后期故障排查都提供了强有力的支撑，满足了生产线实际需求。

第5章　平轧轧制力解析模型研究

轧制力预报是轧制过程控制系统的核心，直接影响辊缝设定、穿戴的稳定性和产品的最终质量，也是轧钢设备强度校核及生产工艺制定的依据。小林史郎(Kobayashi)与加藤和典(Kato)对厚板的三维轧制过程进行了研究，获得了相应的数值解。本章主要采用线性化的方法分别对厚板轧制力和薄板热连轧轧制力关键解析模型进行研究。

5.1　厚板轧制

厚板形状因子满足 $l/(2h)<1$，在整形轧制之后会将坯料旋转 90°并在轧件的宽度方向上进行轧制，其宽厚比 b/h 远大于 10，因此轧件在纵向上的宽展是可以忽略不计的，且由于轧件厚度较厚，轧辊的弹性压扁也忽略不计，假设轧辊为刚性的。

初始厚度为 $2h_0$ 的轧件通过半径为 R 的轧辊轧制成为 $2h_1$ 的成品厚度。选择如图 5-1 所示的坐标系，其中坐标原点位于变形区的入口截面上，坐标系的 x、y 和 z 轴分别为轧件的长度、宽度和厚度方向。由图中的几何关系，接触弧方程、参数方程及一阶二阶导数为：

$$\begin{cases} z=h_x=R+h_1-[R^2-(l-x)^2]^{1/2} \\ z=h_\alpha=R+h_1-R\cos\alpha,\ l-x=R\sin\alpha \end{cases} \tag{5-1}$$

$$\begin{cases} l-x=R\sin\alpha,\ \mathrm{d}x=-R\cos\alpha\,\mathrm{d}\alpha \\ h'_x=-\tan\alpha,\ h''_x=(R\cos^3\alpha)^{-1} \end{cases} \tag{5-2}$$

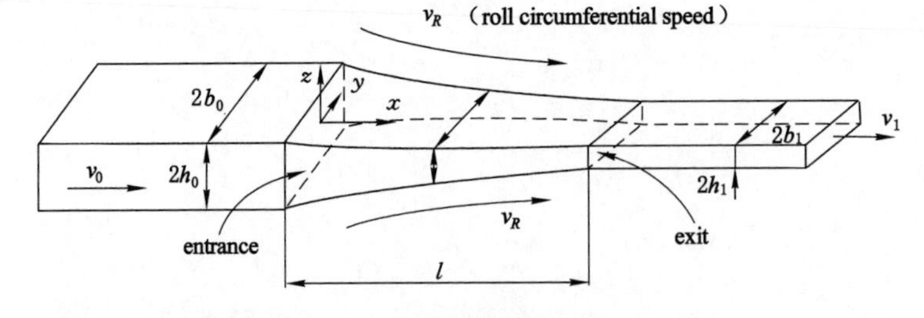

图 5-1　热轧轧件纵向方向示意图

5.1.1　简化的整体加权速度场

整体加权速度场和应变速率场如公式(5-3)和(5-4)所示：

$$v_x=av_x\,\mathrm{I}+(1-a)v_x\,\mathrm{II}=\left[1-a\left(1-\frac{h_0}{h_x}\right)\right]v_0,\ v_y=\left[\left(1-\frac{h_0}{h_x}\right)a'-(1-a)\frac{h'_x}{h_x}\right]v_0y,$$

$$v_z = av_z \mathrm{I} + (1-a)v_z \mathrm{II} = \left[\frac{ah_0 h'_x}{h_x^2} + (1-a)\frac{h'_x}{h_x}\right] v_0 z \tag{5-3}$$

$$\dot{\varepsilon}_x = \dot{\varepsilon}_1 = -\left[\left(1-\frac{h_0}{h_x}\right)a' + a\frac{h_0 h'_x}{h_x^2}\right]v_0 = \dot{\varepsilon}_{\max}, \dot{\varepsilon}_y = \dot{\varepsilon}_2 = \left[\left(1-\frac{h_0}{h_x}\right)a' - (1-a)\frac{h'_x}{h_x}\right]v_0,$$

$$\dot{\varepsilon}_z = \dot{\varepsilon}_3 = \left[\frac{ah_0 h'_x}{h_x^2} + (1-a)\frac{h'_x}{h_x}\right]v_0 = \dot{\varepsilon}_{\min} \tag{5-4}$$

式中，$v_0 = U/(h_0 b_0)$，$U = v_0 h_0 b_0 = v_n h_n b$，$U$ 为变形区内秒流量；a 为权重系数函数。宽度变化 b_x 和权重系数函数 a 可由公式(5-5)来确定。

$$b_x = b_1 - \Delta b(1-x/l),\ a(x) = b_x/b_1 = 1 - \frac{\Delta b}{b_1}(1-x/l) \tag{5-5}$$

当 $x=0$ 时，$b_x = b_0$；当 $x=l$ 时，$b_x = b_1$；$\Delta b = b_1 - b_0$，为了简化积分有：

$$b_x = y - (b_0 + b_1)/2 = b,\ a(x) = b_x/b_1 = b/b_1 = a,\quad a'(x) = a' = 0 \tag{5-6}$$

把公式(5-6)带入到公式(5-3)和(5-4)中，整体加权速度场和应变速率场被简化为：

$$v_x = \left[1 - a\left(1-\frac{h_0}{h_x}\right)\right]v_0, v_y = -(1-a)\frac{h'_x}{h_x}v_0 y, v_z = \left[\frac{ah_0 h'_x}{h_x^2} + (1-a)\frac{h'_x}{h_x}\right]v_0 z \tag{5-7}$$

$$\dot{\varepsilon}_x = -a\frac{h_0 h'_x}{h_x^2}v_0 = \dot{\varepsilon}_{\max}, \dot{\varepsilon}_y = -(1-a)\frac{h'_x}{h_x}v_0, \dot{\varepsilon}_z = \left[\frac{ah_0 h'_x}{h_x^2} + (1-a)\frac{h'_x}{h_x}\right]v_0 = \dot{\varepsilon}_{\min} \tag{5-8}$$

在公式(5-7)和(5-8)中，$\dot{\varepsilon}_x + \dot{\varepsilon}_y + \dot{\varepsilon}_z = 0$；$x=0$，$v_x = v_0$；$z=0$，$v_z = 0$；$z = h_x$，$v_z = -v_x \tan\alpha$，因此简化的整体加权速度场和应变速率场是运动许可的。

5.1.2 内部变形功率

消耗在变形区内的内部变形功率可以由轧件的等效应力和等效应变速率确定：

$$\dot{W}_i = \int_V D(\dot{\varepsilon}_{ij})\,\mathrm{d}V = 4\int_0^l\int_0^b\int_0^{h_x}\frac{4}{7}\sigma_s(\dot{\varepsilon}_{\max} - \dot{\varepsilon}_{\min})\,\mathrm{d}x\mathrm{d}y\mathrm{d}z$$

并代入 MY 准则比塑性功率，对变形区积分得：

$$\begin{aligned}\dot{W}_i &= \frac{16\sigma_s v_0 b}{7}\int_0^l\int_0^{h_x}\left\{-2a\frac{h_0 h'_x}{h_x^2} - (1-a)\frac{h'_x}{h_x}\right\}\mathrm{d}x\mathrm{d}z \\ &= \frac{16\sigma_s bU}{7h_0 b_0}\left[2ah_0\ln\frac{h_0}{h_1} + (1-a)\Delta h\right]\end{aligned} \tag{5-9}$$

式中，$U = v_0 h_0 b_0 = v_n h_n b$ 为秒流量。

5.1.3 摩擦功率

接触面上切向速度不连续量为

$$|\Delta v_f| = \sqrt{\Delta v_x^2 + \Delta v_y^2 + \Delta v_z^2} = \sqrt{(v_R\cos\alpha - v_x)^2 + v_y^2 + (v_R\sin\alpha - v_x\tan\alpha)^2} \tag{5-10}$$

$$\Delta v_f = \Delta v_x i + \Delta v_y j + \Delta v_z k = (v_R\cos\alpha - v_x)i + v_y j + (v_R\sin\alpha - v_x\tan\alpha)k \tag{5-11}$$

沿接触面切向摩擦剪应力 $\tau_f = mk$ 与切向速度不连续量 Δv_f 为共线矢量，如图 5-2 所示：

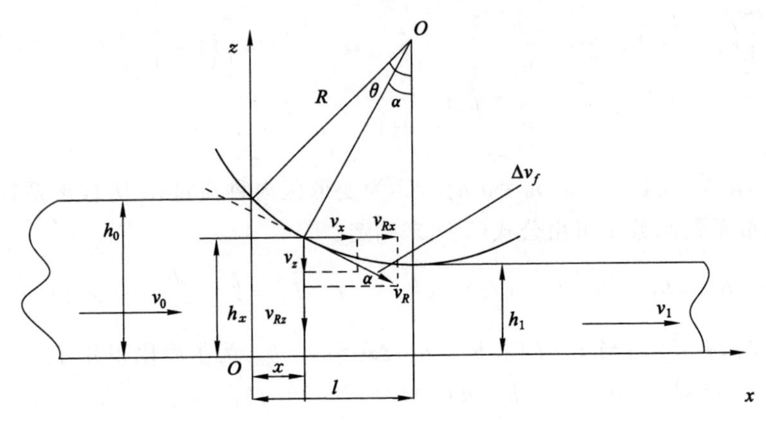

图 5-2　接触面上的共线矢量 τ_f 和 Δv_f

采用共线矢量内积，摩擦功率为：

$$\begin{aligned}\dot{W}_f &= 4\iint \tau_f \Delta v_f \mathrm{d}F = 4\iint (\tau_{fx}\Delta v_x + \tau_{fy}\Delta v_y + \tau_{fz}\Delta v_z)\mathrm{d}F \\ &= 4mk\int_0^l\int_0^b (\Delta v_x \cos\alpha + \Delta v_y \cos\beta + \Delta v_z \cos\gamma)\sec\alpha\, \mathrm{d}x\,\mathrm{d}y\end{aligned} \tag{5-12}$$

式中 $\cos\alpha$，$\cos\beta$，$\cos\gamma$ 为 τ_f 或 Δv_f 与坐标轴夹角的余弦。由于 Δv_f 沿辊面切向，故方向余弦由辊面切向方程确定。由辊面方程 $z = h_x = R + h_1 - [R^2 - (l-x)^2]^{1/2}$ 得方向余弦与面积微元分别为：

$$\cos\alpha = \pm\sqrt{R^2 - (l-x)^2}/R, \cos\gamma = \pm(l-x)/R = \sin\alpha, \cos\beta = 0 \tag{5-13}$$

$$\mathrm{d}F = \sqrt{1 + (h_x')^2}\,\mathrm{d}y\,\mathrm{d}x = \sec\alpha\,\mathrm{d}x\,\mathrm{d}y \tag{5-14}$$

把式(5-7)代入式(5-11)中得：

$$\begin{cases}\Delta v_x = v_R\cos\alpha - \left[1 + a\left(\dfrac{\Delta h_x}{h_x}\right)\right]v_0, \Delta v_y = (1-a)\dfrac{h_x'}{h_x}v_0 y \\ \Delta v_z = v_R\sin\alpha - \left[1 + a\left(\dfrac{\Delta h_x}{h_x}\right)\right]v_0\tan\alpha\end{cases} \tag{5-15}$$

把式(5-13)、(5-14)和(5-15)代入式(5-12)中并积分得：

$$\begin{aligned}\dot{W}_f &= 4mkb\left\{\int_0^l\left[v_R\cos\alpha - \left(1 + a\,\frac{\Delta h_x}{h_x}\right)v_0\right]\mathrm{d}x + \int_0^l\left[v_R\,\frac{\sin^2\alpha}{\cos\alpha} - \left(1 + a\,\frac{\Delta h_x}{h_x}\right)v_0\tan^2\alpha\right]\mathrm{d}x\right\} \\ &= 4mkb(I_1 + I_2)\end{aligned} \tag{5-16}$$

式中，对 h_x 使用积分中值定理有 $h_m = \dfrac{1}{l}\int_0^l h_x\,\mathrm{d}x = \dfrac{R}{2} + h_1 + \dfrac{\Delta h}{2} - \dfrac{R^2\theta}{2l} \doteq \dfrac{h_0 + 2h_1}{3}$，整理得到 I_1，I_2 和 $\dot{W}_f$：

$$\begin{cases} I_1 = v_R R\left(\dfrac{\theta}{2} - \alpha_n + \dfrac{\sin 2\theta}{4} - \dfrac{\sin 2\alpha_n}{2}\right) \\ I_2 = v_R R\left(\dfrac{\theta}{2} - \alpha_n + \dfrac{\sin 2\alpha_n}{2} - \dfrac{\sin 2\theta}{4}\right) + v_0 R\left(1 + a\,\dfrac{h_0 - h_m}{h_m}\right)\left[\ln \dfrac{\tan^2\left(\dfrac{\pi}{4} + \dfrac{\alpha_n}{2}\right)}{\tan\left(\dfrac{\pi}{4} + \dfrac{\theta}{2}\right)}\right] \\ \dot{W}_f = 4mkbR\left[v_R(\theta - 2\alpha_n) + v_0\left(1 + a\,\dfrac{h_0 - h_m}{h_m}\right)\ln \dfrac{\tan^2\left(\dfrac{\pi}{4} + \dfrac{\alpha_n}{2}\right)}{\tan\left(\dfrac{\pi}{4} + \dfrac{\theta}{2}\right)}\right] \end{cases}$$

(5-17)

5.1.4 剪切功率

由式(5-7)可知，在变形区出口截面上有：

$$x = l, h'_{x=l} = h'_{\alpha=0} = 0,\ \nu_z\big|_{x=l} = \nu_y\big|_{x=l} = 0$$

所以出口截面不消耗剪切功率；但是在入口截面，假设 v_z 沿 z 方向线性分布，如图 5-3 所示。

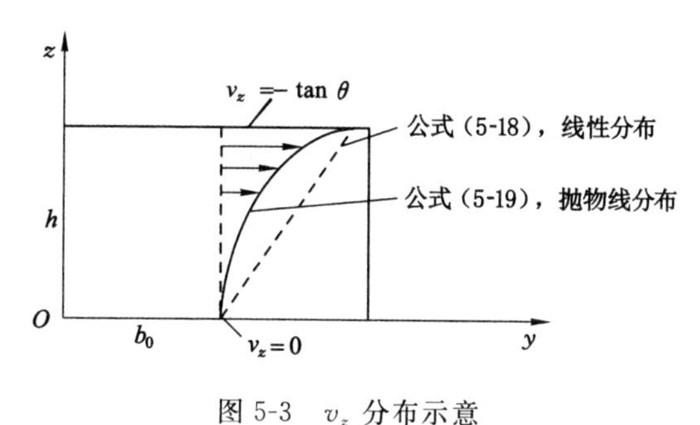

图 5-3　v_z 分布示意

由式(5-7)并用积分中值定理可得：

$$v_z\big|_{\substack{x=0\\z=0}} = 0, v_z\big|_{\substack{x=0\\z=h_0}} = v_0 h'_x = -v_0\tan\theta, \therefore |\bar{v}_z|_{x=0} = \frac{v_0\tan\theta}{2};$$

$$v_y\big|_{\substack{x=0\\y=0}} = 0; v_y\big|_{\substack{x=0\\y=b_0}} = (1-a)\frac{v_0 b_0\tan\theta}{h_0}, |\bar{v}_y|_{x=0} = \frac{(1-a)v_0 b_0\tan\theta}{2h_0};$$

$$\dot{W}_s = 4k\int_0^{h_0}\int_0^{b_0}|\Delta v_t|\,\mathrm{d}y\mathrm{d}z = 4k\int_0^{h_0}\int_0^{b_0}\bar{v}_z\sqrt{1+\bar{v}_y^2/\bar{v}_z^2}\,\mathrm{d}y\mathrm{d}z = 2kU\tan\theta\sqrt{1+\left(\frac{\Delta bb_0}{2b_1 h_0}\right)^2}$$

(5-18)

由于厚板形状因子满足 $l/(2h)<1$，考虑到双鼓形，假设 v_z 沿 z 方向抛物线分布更为合理，如图 5-3 所示，所以：

$$v_z\big|_{\substack{x=0\\z=h_0}} = \left[\frac{ah_0h'_x}{h_x} + (1-a)h'_x\right]\frac{v_0}{h_x^2}z^2 = -\tan\theta v_0, v_z\big|_{\substack{x=0\\z=0}} = 0;$$

$$\bar{v}_z\big|_{x=0} = \frac{1}{h_0}\int_0^{h_0}\left[\frac{ah_0h'_x}{h_x} + (1-a)h'_x\right]\frac{v_0}{h_x^2}z^2\,\mathrm{d}z = \frac{-\tan\theta v_0}{3};$$

$$\dot{W}_s = 4k\int_0^{h_0}\int_0^{b_0}\bar{v}_z\sqrt{1+\bar{v}_y^2/\bar{v}_z^2}\,\mathrm{d}y\mathrm{d}z = \frac{4}{3}kU\tan\theta\sqrt{1+\left[\frac{3(1-a)b_0}{2h_0}\right]^2} \tag{5-19}$$

5.1.5 总功率泛函及其最小化

将式(5-9)、(5-17)和(5-19)相加得到总功率泛函 J^*：

$$J^* = \dot{W}_i + \dot{W}_s + \dot{W}_f = \frac{16\sigma_s bU}{7h_0 b_0}\left[2ah_0\ln\frac{h_0}{h_1} + (1-a)\Delta h\right] + \frac{4}{3}kU\tan\theta\sqrt{1+\left[\frac{3(1-a)b_0}{2h_0}\right]^2} + 4mkbR\left[v_R(\theta-2\alpha_n) + \frac{U}{h_0b_0}\left(1+a\frac{h_0-h_m}{h_m}\right)\ln\frac{\tan^2\left(\frac{\pi}{4}+\frac{\alpha_n}{2}\right)}{\tan\left(\frac{\pi}{4}+\frac{\theta}{2}\right)}\right] \tag{5-20}$$

式中，v_R 为轧辊的圆周速度；α_n 为中性角；θ 为咬入角；α_n 的下标 n 表示中性点，$k=\frac{\sigma_s}{\sqrt{3}}$ 为屈服剪应力。U、$\dot{W}_i$、$\dot{W}_s$、$\dot{W}_f$ 分别对 α_n 求导，得：

$$\begin{cases}\dfrac{\mathrm{d}U}{\mathrm{d}\alpha_n} = v_R bR\sin 2\alpha_n - v_R b(R+h_1)\sin\alpha_n = N \\ \dfrac{\mathrm{d}\dot{W}_i}{\mathrm{d}\alpha_n} = \dfrac{16\sigma_s b}{7h_0b_0}N\left[2ah_0\ln\dfrac{h_0}{h_1} + (1-a)\dfrac{h_0-h_m}{h_m}\right]\end{cases} \tag{5-21}$$

$$\frac{\mathrm{d}\dot{W}_f}{\mathrm{d}\alpha_n} = 4mkbR\left[-2v_R + \frac{2U}{h_0b_0\cos\alpha_n}\left(1+a\frac{h_0-h_m}{h_m}\right) + \frac{N}{h_0b_0}\left(1+a\frac{h_0-h_m}{h_m}\right)\ln\frac{\tan^2\left(\frac{\pi}{4}+\frac{\alpha_n}{2}\right)}{\tan\left(\frac{\pi}{4}+\frac{\theta}{2}\right)}\right] \tag{5-22}$$

$$\frac{\mathrm{d}\dot{W}_s}{\mathrm{d}\alpha_n} = \frac{4}{3}kN\tan\theta\sqrt{1+\left[\frac{3(1-a)b_0}{2h_0}\right]^2} \tag{5-23}$$

所以有：

$$\frac{\mathrm{d}J^*}{\mathrm{d}\alpha_n} = \frac{\mathrm{d}\dot{W}_i}{\mathrm{d}\alpha_n} + \frac{\mathrm{d}\dot{W}_s}{\mathrm{d}\alpha_n} + \frac{\mathrm{d}\dot{W}_f}{\mathrm{d}\alpha_n} = 0 \tag{5-24}$$

将式(5-21)、(5-22)代入式(5-24)中求解可得摩擦因子的表达式为：

$$m = \frac{\dfrac{16\sigma_s b}{7h_0b_0}N\left[2ah_0\ln\dfrac{h_0}{h_1} + (1-a)\dfrac{h_0-h_m}{h_m}\right] + \dfrac{4}{3}kN\tan\theta\sqrt{1+\left[\dfrac{3(1-a)b_0}{2h_0}\right]^2}}{4kbR\left[2v_R - \dfrac{2U}{h_0b\cos\alpha_n}\left(1+a\dfrac{h_0-h_m}{h_m}\right) - \dfrac{N}{h_0b}\left(1+a\dfrac{h_0-h_m}{h_m}\right)\ln\dfrac{\tan^2\left(\frac{\pi}{4}+\frac{\alpha_n}{2}\right)}{\tan\left(\frac{\pi}{4}+\frac{\theta}{2}\right)}\right]} \tag{5-25}$$

将式(5-25)确定的 α_n 代入式(5-19)，得到总功率泛函 J^* 的最小值 $J^*_{\min}$。于是，轧制力

矩 M、轧制力 F 及应力状态系数分别为：

$$M_{\min}=\frac{RJ_{\min}^{*}}{2\nu_R},\quad F_{\min}=\frac{M_{\min}}{\chi\cdot l},\quad n_{\sigma}=\frac{\bar{p}}{2k}=\frac{F_{\min}}{4bl\ k} \tag{5-26}$$

由于是热轧，力臂系数取值 0.3～0.6。

5.1.6　结果与讨论

在国内某公司开展了现场轧制实验。现场轧机的工作辊直径为 1 070 mm。连铸坯尺寸为 320 mm×2 050 mm×3 250 mm，第一道次整形轧制成 299 mm，之后旋转 90°进入展宽轧制阶段。从第 2 道次到第 6 道次的轧制速度分别为 1.64，1.66，1.68，1.82，1.97(m/s)；相应的轧制温度分别为 945，933，923，925，932(℃)。每道次轧件的出口厚度以及轧制力可在线实测。材料为 Q345B 钢，使用的变形抗力模型由 MMS-300 热模拟机实验得出：

$$\sigma_s=3\ 583.195\cdot e^{\frac{-2.233\ 41T}{1\ 000}}\cdot\varepsilon^{-\frac{0.348\ 6T}{1\ 000}+0.463\ 39}\varepsilon^{0.424\ 37} \tag{5-27}$$

由表 5-1 可见，使用抛物线方法计算轧制力和实测轧制力吻合较好，两者最大误差不超过 9.24%，其中第 3 道次计算轧制略小于实测轧制力，可能是由于变形抗力模型的不稳定造成的。需要指出的是，在本书中轧辊不考虑弹性压扁，否则计算轧制力将会提高。因为相对于刚性辊来说，弹性工作辊的等效轧制半径将比刚性辊的轧制半径大。此外还可以看出轧制力随压下率的增大而增大。

表 5-1　轧制力结果比较

No.	v_R/(m/s)	T/℃	$\varepsilon \ln(h_0/h_1)$	$F_{measured}$ /kN	$F_{parabolic}$ /kN	误差 Δ /%	F_{linear} /kN	误差 Δ /%
2	1.64	945	0.095 77	43 607	43 714	0.24	54 182	24.2
3	1.66	933	0.103 12	44 006	43 839	−0.37	53 590	21.7
4	1.68	923	0.114 61	43 172	45 505	5.40	54 791	26.9
5	1.82	925	0.120 99	42 269	46 171	9.23	54 917	29.9
6	1.97	932	0.112 88	39 061	39 342	0.71	46 208	18.2

图 5-4 为中性点与摩擦因子在不同压下率下关系变化曲线。可以看到，随着摩擦因子的降低或压下量的增加，中性点均向出口方向移动。当 $x_N/l>0.7$ 时，摩擦因子的微小变化将会导致中性点位置发生很大的变化，在此摩擦区间的轧制将会出现不稳定。

图 5-5 为应力状态系数 n_σ 与形状因子 $l/(2h)$ 在不同摩擦因子下的变化关系。由图可知，n_σ 随着 $l/(2h)$ 减小而增大。尽管 n_σ 在 $m=1$ 时得到最小值，但是摩擦对 n_σ 的影响是很小的。其原因为：对于厚板来说，满足 $l/(2h)\leqslant 1$，相对于轧件变形区内的内部变形功率和剪切功率来说，摩擦功率所占比例很小，这就导致了摩擦因子对 n_σ 的影响并不明显。

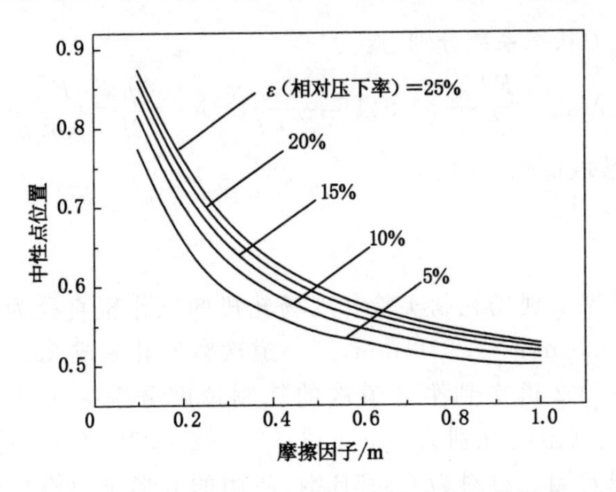

图 5-4　摩擦因子与压下率对中性点位置的影响

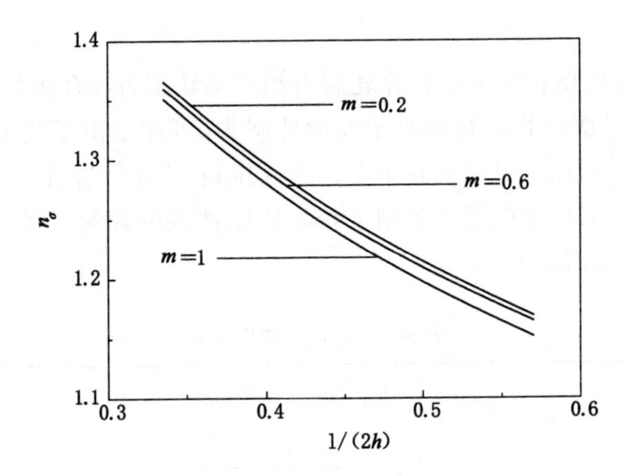

图 5-5　摩擦因子与形状因子对应力状态系数的影响

5.2　薄板热连轧

5.2.1　对数速度场和 EA 屈服准则求解轧制力

5.2.1.1　提出的对数速度场

假设轧制截面保持在一个平面上保持垂直方向笔直，提出了一个新的对数速度场和应变速率场：

$$v_x = \left(1 + \ln \frac{h_0}{h_x}\right) v_0, v_y = -\left(\ln \frac{h_0}{h_x}\right) \frac{h'_x}{h_x} v_0 y, v_z = \left(1 + \ln \frac{h_0}{h_x}\right) \frac{h'_x}{h_x} v_0 z \tag{5-29}$$

$$\dot{\varepsilon}_x = \frac{\mathrm{d}v_x}{\mathrm{d}x} = -\frac{h'_x}{h_x} v_0 = \dot{\varepsilon}_{\max}, \dot{\varepsilon}_y = \frac{\mathrm{d}v_y}{\mathrm{d}y} = -\left(\ln \frac{h_0}{h_x}\right) \frac{h'_x}{h_x} v_0, \dot{\varepsilon}_z = \frac{\mathrm{d}v_z}{\mathrm{d}z} = \left(1 + \ln \frac{h_0}{h_x}\right) \frac{h'_x}{h_x} v_0 = \dot{\varepsilon}_{\min} \tag{5-30}$$

注意到热连轧精轧区带钢形状因子满足 $l/(2h)>1$ 且 $b/(2h)>10$，可以把宽度 b 视为常数，有 $b_0 = b_n = b_1 = b, U = v_0 h_0 b_0 = v_n h_n b = v_R \cos \alpha_n b (R + h_1 - R\cos \alpha_n)$ ，$v_0 =$

$U/(h_0 b)$，U 为秒流量。在公式(5-29)和(5-30)中，$\dot{\varepsilon}_x+\dot{\varepsilon}_y+\dot{\varepsilon}_z=0$；$x=0$，$v_x=v_0$；$y=0$，$v_y=0$；$z=0$，$v_z=0$；$z=h_x$，$v_z=-v_x\tan\alpha$。显然，对数速度场是运动许可的。

5.2.1.2　内部变形功率

代入EA屈服准则比塑性功率，取代第一变分原理被积函数，对变形区积分得：

$$\dot{W}_i=\iiint_V D(\dot{\varepsilon}_{ij})\,\mathrm{d}V=4\int_0^l\int_0^b\int_0^{h_x}\frac{\sqrt{3}\pi}{9}\sigma_s(\dot{\varepsilon}_{\max}-\dot{\varepsilon}_{\min})\mathrm{d}x\,\mathrm{d}y\,\mathrm{d}z=\frac{4\sqrt{3}\pi}{9}\sigma_s b v_0\left(3\Delta h-h_1\ln\frac{h_0}{h_1}\right) \tag{5-31}$$

式中，$U=v_0h_0b_0=v_nh_nb$，为秒流量。

5.2.1.3　摩擦功率

图5-6为热轧带钢轧制截面示意图，坐标原点取入口中点，x、y 和 z 轴方向分别为带钢长、宽和厚度方向。沿接触面切向摩擦剪应力 $\tau_f=mk$ 与切向速度不连续量 Δv_f 为共线矢量。

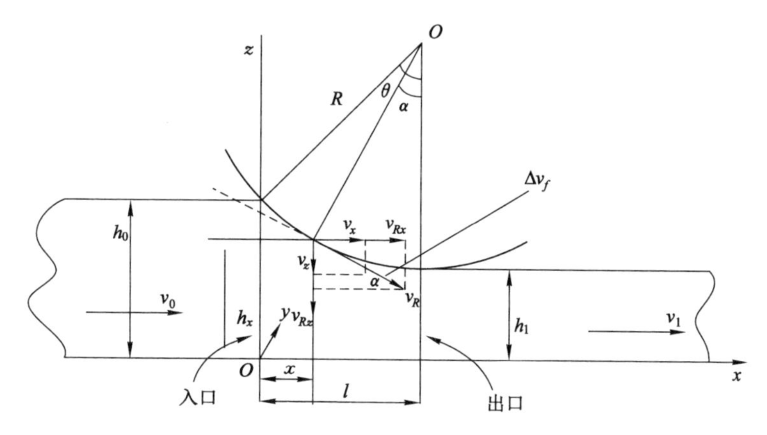

图5-6　热轧带钢轧制截面示意图

使用 $z=h_x$，$h_x'=-\tan\alpha$，$\Delta h_x=h_0-h_x$ 和对数速度场公式(5-29)，切向速度不连续量 Δv_f 沿辊面的分量分别为：

$$\begin{cases}\Delta v_x=v_R\cos\alpha-\left(1+\ln\dfrac{h_0}{h_x}\right)v_0\\[2ex]\Delta v_y=\left(\ln\dfrac{h_0}{h_x}\right)\dfrac{h_x'}{h_x}v_0y\\[2ex]\Delta v_z=v_R\sin\alpha-\left(1+\ln\dfrac{h_0}{h_x}\right)v_0\tan\alpha\end{cases} \tag{5-32}$$

注意到辊面方程为：

$$z=h_x=R+h_1-[R^2-(l-x)^2]^{1/2}$$

和面积微元方程：

$$\mathrm{d}F=\sqrt{1+(h_x')^2}\,\mathrm{d}y\,\mathrm{d}x=\sec\alpha\,\mathrm{d}x\,\mathrm{d}y$$

利用共线矢量内积，摩擦功率为：

$$\dot{W}_f=4\int_0^l\int_0^b\tau_f\Delta v_f\,\mathrm{d}F=4\int_0^l\int_0^b(\tau_{fx}\Delta v_x+\tau_{fy}\Delta v_y+\tau_{fz}\Delta v_z)\mathrm{d}F$$

$$=4mk\int_0^l\int_0^b(\Delta v_x\cos\alpha+\Delta v_y\cos\beta+\Delta v_z\cos\gamma)\sec\alpha\,\mathrm{d}x\mathrm{d}y \tag{5-33}$$

其中辊面切向方向余弦分别为：

$$\cos\alpha=\pm\sqrt{R^2-(l-x)^2}/R,\quad \cos\gamma=\pm(l-x)/R=\sin\alpha,\quad \cos\beta=0 \tag{5-34}$$

把公式(5-32)和(5-34)代入式(5-33)得：

$$\dot{W}_f=4mkbR\left\{\int_0^l\left[v_R\cos\alpha-\left(1+\ln\frac{h_0}{h_x}\right)v_0\right]\mathrm{d}x+\int_0^l\left[v_R\sin\alpha-\left(1+\ln\frac{h_0}{h_x}\right)v_0\tan\alpha\right]\tan\alpha\,\mathrm{d}x\right\}$$

$$=4mkb(I_1+I_2) \tag{5-35}$$

对 $\ln\dfrac{h_0}{h_x}$ 使用泰勒公式展开，积分项 I_1 和 I_2 分别为：

$$I_1=v_RR\left(\frac{\theta}{2}-\alpha_n+\frac{\sin2\theta}{4}-\frac{\sin2\alpha_n}{2}\right)+v_0Rg(2\sin\alpha_n-\sin\theta) \tag{5-36}$$

$$I_2=v_RR\left(\frac{\theta}{2}-\alpha_n+\frac{\sin2\alpha_n}{2}-\frac{\sin2\theta}{4}\right)+v_0Rg\ln\frac{\tan^2\left(\dfrac{\pi}{4}+\dfrac{\alpha_n}{2}\right)}{\tan\left(\dfrac{\pi}{4}+\dfrac{\theta}{2}\right)}+$$

$$v_0R\left(1+\ln\frac{h_0}{h_m}\right)(\sin\theta-2\sin\alpha_n) \tag{5-37}$$

整理得：

$$\dot{W}_f=4mkbR\left[v_R(\theta-2\alpha_n)+\frac{U}{h_0b}g\ln\frac{\tan^2\left(\dfrac{\pi}{4}+\dfrac{\alpha_n}{2}\right)}{\tan\left(\dfrac{\pi}{4}+\dfrac{\theta}{2}\right)}\right] \tag{5-38}$$

其中，$g=1+2\dfrac{\Delta h_m}{h_m}-2\left(\dfrac{\Delta h_m}{h_m}\right)^2+\dfrac{8}{3}\left(\dfrac{\Delta h_m}{h_m}\right)^3-4\left(\dfrac{\Delta h_m}{h_m}\right)^4$，$h_m=\dfrac{1}{l}\int_0^l h_x\mathrm{d}x\doteq\dfrac{h_0+2h_1}{3}$。

5.2.1.4 剪切功率

由公式(5-29)，在变形区出口界面上 $x=l$，$h'_{x=l}=h'_{\alpha=0}=0$，$\nu_z|_{x=l}=\nu_y|_{x=l}=0$，故出口处不消耗剪切功率；但在入口截面，假设 v_z 沿 z 方向线性分布，有：

$$v_z\big|_{\substack{x=0\\z=0}}=0,\ v_z\big|_{\substack{x=0\\z=0}}=\left(1+\ln\frac{h_0}{h_x}\right)\frac{h'_x}{h_0}v_0h_0=v_0h'_x\ {}_{x=0}=-v_0\tan\theta,\ |\bar{v}_z|_{x=0}=\frac{v_0\tan\theta}{2};$$

$$v_y\big|_{\substack{x=0\\y=0}}=0,\ v_y\big|_{\substack{x=0\\y=h_0}}=0,\ \therefore|\bar{v}_y|_{x=0}=0;$$

$$\Delta v_t=\sqrt{\bar{v}_y^2+\bar{v}_z^2}=|\bar{v}_z|=\frac{v_0\tan\theta}{2}$$

进而得到剪切功率：

$$\dot{W}_s=4k\int_0^{h_0}\int_0^{b_0}|\Delta v_t|\mathrm{d}y\mathrm{d}z=4k\int_0^b\int_0^{h_0}\frac{v_0\tan\theta}{2}\mathrm{d}y\mathrm{d}z=2kbh_0v_0\tan\theta=2kU\tan\theta \tag{5-39}$$

5.2.1.5 总功率泛函

将公式(5-31)、(5-38)和(5-39)相加得到总功率泛函 J^*：

$$J^*=\dot{W}_i+\dot{W}_s+\dot{W}_f$$

$$=\frac{4\sqrt{3}\pi}{9}\sigma_s\frac{U}{h_0}\left(3\Delta h-h_1\ln\frac{h_0}{h_1}\right)+2kU\tan\theta+$$

$$4mkbR\left[v_R(\theta-2\alpha_n)+\frac{U}{h_0 b}g\ln\frac{\tan^2\left(\frac{\pi}{4}+\frac{\alpha_n}{2}\right)}{\tan\left(\frac{\pi}{4}+\frac{\theta}{2}\right)}\right] \tag{5-40}$$

为得到总功率泛函 J^* 的最小值，将式(5-40)对 α_n 求导，并令$\frac{dJ^*}{d\alpha_n}=0$，有：

$$\frac{dJ^*}{d\alpha_n}=\frac{d\dot{W}_i}{d\alpha_n}+\frac{d\dot{W}_s}{d\alpha_n}+\frac{d\dot{W}_f}{d\alpha_n}=0 \tag{5-41}$$

其中

$$\frac{d\dot{W}_i}{d\alpha_n}=\frac{4\sqrt{3}\pi}{9}\sigma_s\frac{N}{h_0}\left(3\Delta h-h_1\ln\frac{h_0}{h_1}\right) \tag{5-42}$$

$$\frac{d\dot{W}_f}{d\alpha_n}=8mkbR\left[-v_R+\frac{U}{h_0 b}g\frac{1}{\cos\alpha_n}+\frac{N}{2h_0 b}g\ln\frac{\tan^2\left(\frac{\pi}{4}+\frac{\alpha_n}{2}\right)}{\tan\left(\frac{\pi}{4}+\frac{\theta}{2}\right)}\right] \tag{5-43}$$

$$\frac{d\dot{W}_s}{d\alpha_n}=2kN\tan\theta \tag{5-44}$$

把公式(5-42)、(5-43)和(5-44)代入式(5-41)中，可以推导出摩擦因子的表达式为：

$$m=\frac{\frac{4\sqrt{3}\pi}{9}\sigma_s\frac{N}{h_0}\left(3\Delta h-h_1\ln\frac{h_0}{h_1}\right)+2kN\tan\theta}{8kbR\left[v_R-\frac{U}{h_0 b}g\frac{1}{\cos\alpha_n}-\frac{N}{2h_0 b}g\ln\frac{\tan^2\left(\frac{\pi}{4}+\frac{\alpha_n}{2}\right)}{\tan\left(\frac{\pi}{4}+\frac{\theta}{2}\right)}\right]} \tag{5-45}$$

其中，$N=\frac{dU}{d\alpha_n}=v_R bR\sin 2\alpha_n-v_R b(R+h_1)\sin\alpha_n$。

将式(5-45)确定的 α_n 代入式(5-40)得到总功率泛函 J^* 的最小值 $J^*_{\min}$。于是，轧制力矩 M、轧制力 F 及应力状态系数分别为：

$$M_{\min}=\frac{RJ^*_{\min}}{2\nu_R},\quad F_{\min}=\frac{M_{\min}}{\chi\cdot l},\quad n_\sigma=\frac{\bar{p}}{2k}=\frac{F_{\min}}{4bl\ k} \tag{5-46}$$

由于是热轧，力臂系数取值 0.3～0.6。

5.2.1.6　结果与讨论

以 Q235B 带钢为实例，几何尺寸为 150 mm×380 mm×6 000 mm 的坯料经过粗轧机组轧制为 35 mm 厚度的中间坯，再经过 6 机架精轧机组轧制成为 5.5 mm 厚度的成品。第 1 到 6 机架的轧辊速度 v_R 依次为 1.12，1.7，2.34，3.13，3.94，4.86(m/s)，各机架带钢温度使用温度自学习策略计算得出，分别为 977，976.73，975.42，970.18，966.41，960.23(℃)，变形抗力模型使用下式：

$$\sigma_s = 1.944\ 1 e^{(7.503\ 2t - 2.622\ 1)\left(\frac{\dot{\varepsilon}}{10}\right)^{0.277\ 8 - 0.242\ 6t}} \left[\left(1.342\ 5\frac{\varepsilon}{0.4}\right)^{0.335\ 0} - (1.342\ 5 - 1)\frac{\varepsilon}{0.4}\right] \tag{5-47}$$

其中，t 为温度；ε 为真应变；$\dot{\varepsilon}$ 为应变速率。

从图 5-7 可以看出，计算轧制力和实测轧制力吻合较好，最大误差不超过 12%，该轧制力模型具有较高的预测精度。此外还可以看出轧制力随压下率的增大而增大。

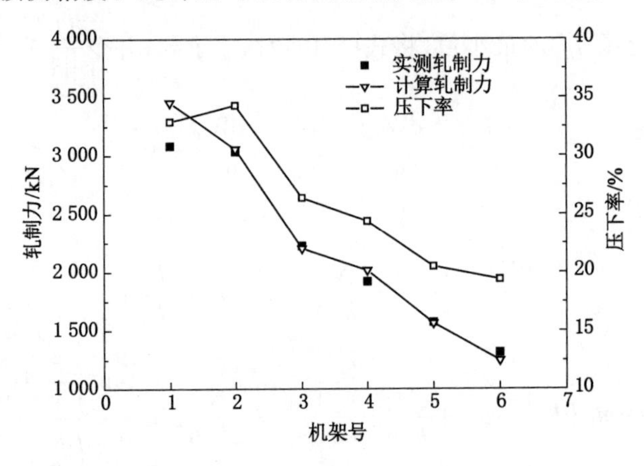

图 5-7 计算轧制力与实测值比较

图 5-8 为中性点与摩擦因子在不同压下率下关系变化曲线。可以看到，随着摩擦因子的降低或压下量的增加，中性点均向出口方向移动。当 $x_N/l>0.48$ 时，摩擦因子的微小变化将会导致中性点位置发生很大的变化，在此摩擦区间的轧制将会不稳定。

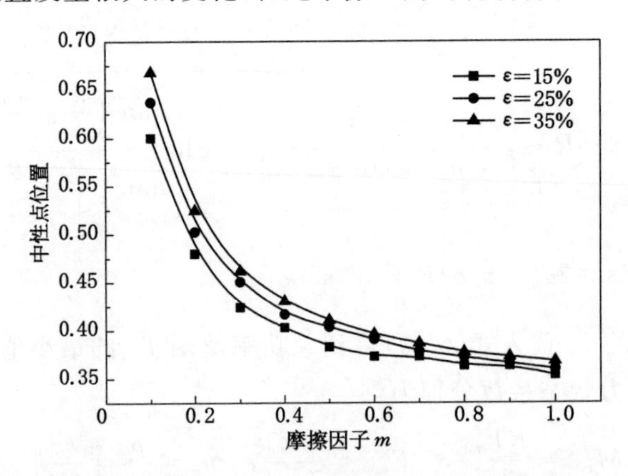

图 5-8 摩擦因子与压下量对中性点位置的影响

图 5-9 为应力状态系数 n_σ 与形状因子 $l/(2h)$ 在一定摩擦因子下的变化关系。由图可知，n_σ 随着 $l/(2h)$ 增大而增大，其原因是薄板形状因子满足 $l/(2h)>1$。

图 5-10 为内部变形功率、摩擦功率和剪切功率的比例图。由图可知，剪切功率所占比例较小，内部变形功率和摩擦功率占总功率的主要部分，其原因也是由于薄板形状因子满足 $l/(2h)>1$。

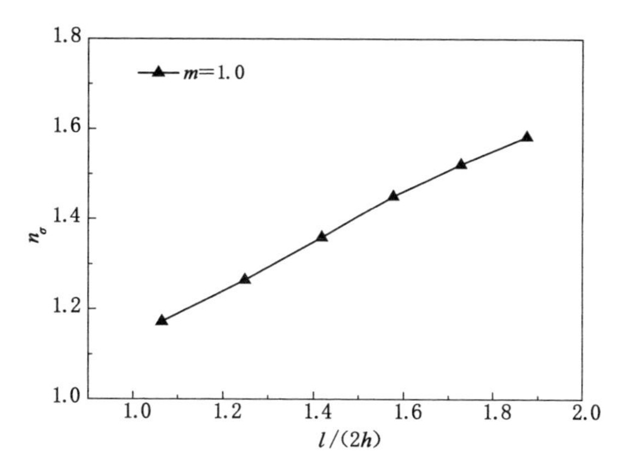

图 5-9　形状因子对应力状态系数的影响

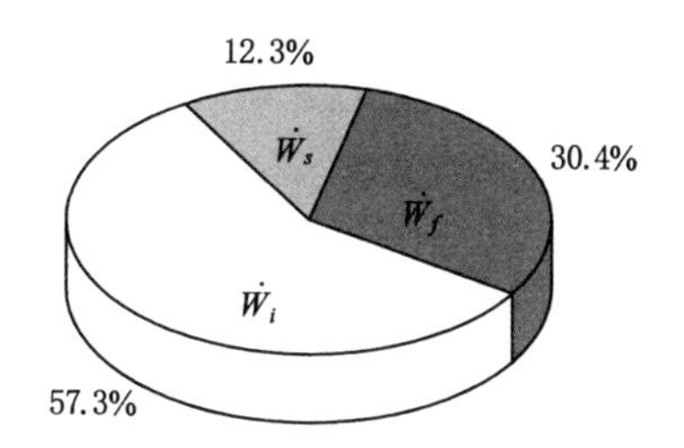

图 5-10　各功率占总功率中的比重

5.2.2　考虑压扁使用简化整体加权速度场和 GM 准则求解轧制力

对于薄板热连轧，精轧区带钢厚度较薄，形状因子满足 $l/(2h)>1$，考虑弹性压扁对轧制力的影响，并对整体加权速度场进一步进行简化，结合 GM 屈服准则，可以得到适用于薄板热连轧的轧制力计算模型。

5.2.2.1　简化方法

由于形状因子满足 $l/(2h)>1$，且 $b/2h>10$，这样薄板热轧过程中就可以把宽度 b 视为常数，有 $y=b_0=b_n=b_1=b$，公式(5-6)中的 $a(x)=b_x/b_1=b/b_1=1$，所以简化的整体加权速度场和应变速率场简化为：

$$v_x=\frac{h_0}{h_x}v_0,v_y=0,v_z=\frac{h_0h'_x}{h_x^2}v_0z \tag{5-48}$$

$$\dot{\varepsilon}_x=-\frac{h_0h'_x}{h_x^2}v_0=\dot{\varepsilon}_{\max},\dot{\varepsilon}_y=0,\dot{\varepsilon}_z=\frac{h_0h'_x}{h_x^2}v_0=\dot{\varepsilon}_{\min} \tag{5-49}$$

使用 GM 屈服准则和公式(5-29)可以得到内部变形功率：

$$\dot{W}_d=\iiint_V\bar{\sigma}\,\dot{\bar{\varepsilon}}\mathrm{d}V=4\int_0^l\int_0^b\int_0^{h_x}\frac{7}{12}\sigma_s(\dot{\varepsilon}_{\max}-\dot{\varepsilon}_{\min})\mathrm{d}x\mathrm{d}y\mathrm{d}z=\frac{14\sigma_sU}{3}\ln\frac{h_0}{h_1} \tag{5-50}$$

相同的，使用共线矢量内积和积分中值定理可以得到摩擦功率和剪切功率：

$$\dot{W}_f = 4mkbR\left[v_R(\theta - 2\alpha_n) + v_0\left(1 + \frac{h_0 - h_m}{h_m}\right)\ln\frac{\tan^2\left(\frac{\pi}{4} + \frac{\alpha_n}{2}\right)}{\tan\left(\frac{\pi}{4} + \frac{\theta}{2}\right)}\right] \tag{5-51}$$

$$\dot{W}_s = 2kU\tan\theta \tag{5-52}$$

其中，$h_m = \frac{1}{l}\int_0^l h_x \mathrm{d}x = \frac{R}{2} + h_1 + \frac{\Delta h}{2} - \frac{R^2\theta}{2l} \doteq \frac{h_0 + 2h_1}{3}$。

将式(5-50)、(5-51)和(5-52)相加得到总功率泛函 J^*：

$$J^* = \dot{W}_i + \dot{W}_f + \dot{W}_s$$

$$= \frac{14\sigma_s U}{3}\ln\frac{h_0}{h_1} + 4mkbR\left[v_R(\theta - 2\alpha_n) + \frac{U}{h_0 b}\left(1 + \frac{h_0 - h_m}{h_m}\right)\ln\frac{\tan^2\left(\frac{\pi}{4} + \frac{\alpha_n}{2}\right)}{\tan\left(\frac{\pi}{4} + \frac{\theta}{2}\right)}\right] + 2kU\tan\theta \tag{5-53}$$

式中，v_R 为轧辊的圆周速度；α_n 为中性角；θ 为咬入角；α_n 的下标 n 表示中性点；$k = \frac{\sigma_s}{\sqrt{3}}$ 为屈服剪应力。将公式(5-50)、(5-51)和(5-52)对 α_n 求导得：

$$\frac{\mathrm{d}\dot{W}_i}{\mathrm{d}\alpha_n} = \frac{14\sigma_s N}{3}\ln\frac{h_0}{h_1} \tag{5-54}$$

$$\frac{\mathrm{d}\dot{W}_f}{\mathrm{d}\alpha_n} = 4mkbR\left[-2v_R + \frac{2U}{h_0 b\cos\alpha_n}\left(1 + \frac{h_0 - h_m}{h_m}\right) + \frac{N}{h_0 b}\left(1 + \frac{h_0 - h_m}{h_m}\right)\ln\frac{\tan^2\left(\frac{\pi}{4} + \frac{\alpha_n}{2}\right)}{\tan\left(\frac{\pi}{4} + \frac{\theta}{2}\right)}\right] \tag{5-55}$$

$$\frac{\mathrm{d}\dot{W}_s}{\mathrm{d}\alpha_n} = 2kN\tan\theta \tag{5-56}$$

其中，$N = \frac{\mathrm{d}U}{\mathrm{d}\alpha_n} = v_R bR\sin 2\alpha_n - v_R b(R + h_1)\sin\alpha_n$。

为得到总功率泛函的最小值，对式(5-53)求导，并令其等于 0：

$$\frac{\mathrm{d}J^*}{\mathrm{d}\alpha_n} = \frac{\mathrm{d}\dot{W}_i}{\mathrm{d}\alpha_n} + \frac{\mathrm{d}\dot{W}_s}{\mathrm{d}\alpha_n} + \frac{\mathrm{d}\dot{W}_f}{\mathrm{d}\alpha_n} = 0 \tag{5-57}$$

把式(5-54)、式(5-55)和式(5-56)代入式(5-57)得到摩擦因子的表达式：

$$m = \frac{\frac{14\sigma_s N}{3}\ln\frac{h_0}{h_1} + 2kN\tan\theta}{4kbR\left[2v_R - \frac{2U}{h_0 b\cos\alpha_n}\left(1 + \frac{h_0 - h_m}{h_m}\right) - \frac{N}{h_0 b}\left(1 + \frac{h_0 - h_m}{h_m}\right)\ln\frac{\tan^2\left(\frac{\pi}{4} + \frac{\alpha_n}{2}\right)}{\tan\left(\frac{\pi}{4} + \frac{\theta}{2}\right)}\right]} \tag{5-58}$$

将式(5-58)确定的 α_n 代入式(5-53)得到总功率泛函 J^* 最小值 $J^*_{\min}$。于是，轧制力矩

M、轧制力 F 及应力状态系数分别为：

$$M_{\min}=\frac{RJ^{*}_{\min}}{2\nu_R},\ F_{\min}=\frac{M_{\min}}{\chi\cdot l},\quad n_{\sigma}=\frac{\bar{p}}{2k}=\frac{F_{\min}}{4bl\ k} \tag{5-59}$$

由于是热轧，力臂系数取值 0.3～0.6。

5.2.2.2　*考虑弹性压扁*

为确定轧辊弹性压扁到底对轧制力预报模型的影响有多大，模型加入弹性压扁因素，使用弹性压扁公式如下：

$$R'=R\left(1+2.2\times10^{-5}\frac{F}{b\Delta h}\right) \tag{5-60}$$

式中，R 为轧辊半径；R' 为压扁半径；F 为轧制力；b 为带钢宽度；Δh 为厚度压下量。图 5-11 为考虑弹性压扁轧制力计算流程图。

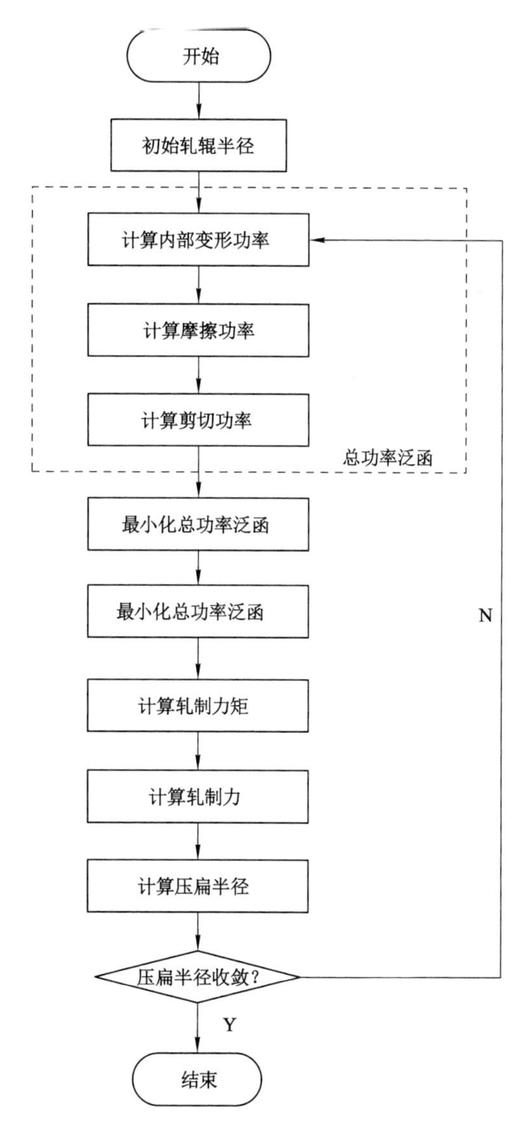

图 5-11　考虑弹性压扁轧制力计算流程

使用初始辊径依据上面推导的公式计算内部变形功率、摩擦功率，得到总功率的泛函，进而求得泛函的最小值。使用总功率最小值求得轧制力矩和轧制力，依据压扁半径公式(5-60)求出压扁半径，直到压扁半径收敛，收敛条件为：

$$|R_i - R_{i-1}|/R_i \leqslant 0.01 \tag{5-61}$$

5.2.2.3 结果与讨论

以 Q235B 带钢为实例，几何尺寸为 150 mm×380 mm×6 000 mm 的坯料经过粗轧机组轧制为 35 mm 厚度的中间坯，再经过 9 机架精轧机组轧制成为 3.5 mm 厚度的成品。第 1 到 9 机架的轧辊速度 v_R 依次为 1.12，1.70，2.34，3.13，3.94，4.86，5.85，6.86 和 7.78 (m/s)，各机架带钢温度使用温度自学习策略计算得出，分别为 977.09，976.73，975.42，970.18，966.41，960.23，951.77，941.66 和 930.35(℃)，变形抗力模型使用下式：

$$\sigma_s = 1.944\ 1e^{(7.503\ 2t-2.622\ 1)}\left(\frac{\dot{\varepsilon}}{10}\right)^{0.277\ 8-0.242\ 6t}\left[\left(1.342\ 5\frac{\varepsilon}{0.4}\right)^{0.335\ 0}-(1.342\ 5-1)\frac{\varepsilon}{0.4}\right] \tag{5-62}$$

其中，t 为温度；ε 为真应变；$\dot{\varepsilon}$ 为应变速率。

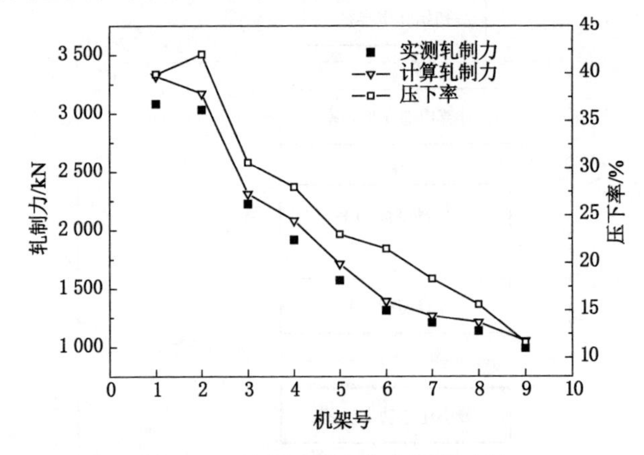

图 5-12 计算轧制力与实测值比较

从图 5-12 可以看出，计算轧制力和实测轧制力吻合得较好，且计算值均大于实测值，这是由于计算方法属于上界法导致。此外还可以看出轧制力随压下率的增大而增大。

图 5-13 为中性点与摩擦因子在不同压下率下关系变化曲线。可以看出，随着摩擦因子的降低或压下量的增加，中性点均向出口方向移动。当 $x_N/l>0.48$ 时，摩擦因子的微小变化将会导致中性点位置发生很大的变化，在此摩擦区间的轧制将会不稳定。

图 5-14 为考虑弹性压扁和不考虑弹性压扁时各机架的应力状态系数。从图中可以看出应力状态系数对弹性压扁不敏感。需要指出的是，当考虑弹性压扁后，计算轧制力会略微增大。

图 5-15 为应力状态系数 n_σ 与形状因子 $l/(2h)$ 在一定摩擦因子下的变化关系。由图可知，n_σ 随着 $l/(2h)$ 增大而增大，其原因是因为薄板形状因子满足 $l/(2h)>1$。

图 5-16 为内部变形功率、摩擦功率和剪切功率的比例图。由图可知，剪切功率所占比例较小，内部变形功率和摩擦功率占总功率的主要部分，其原因也是由于薄板形状因子满足 $l/(2h)>1$。

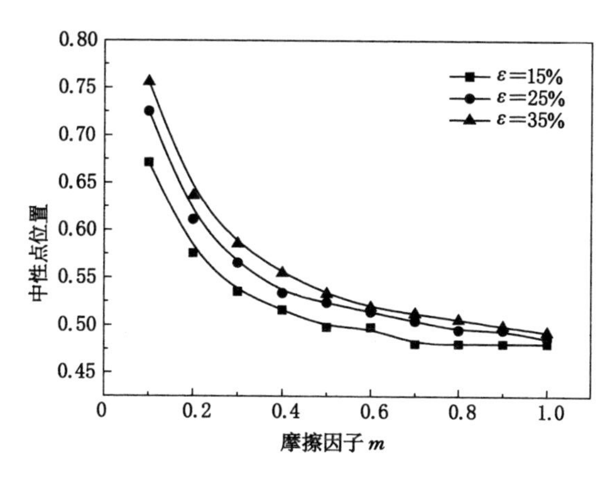

图 5-13　摩擦因子与压下量对中性点位置的影响

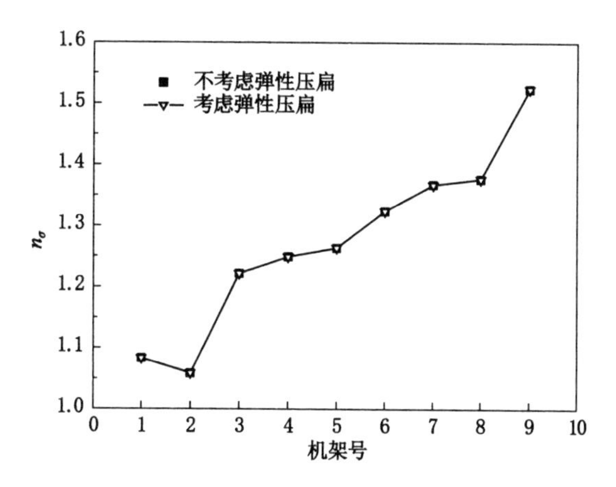

图 5-14　弹性压扁对应力状态系数的影响

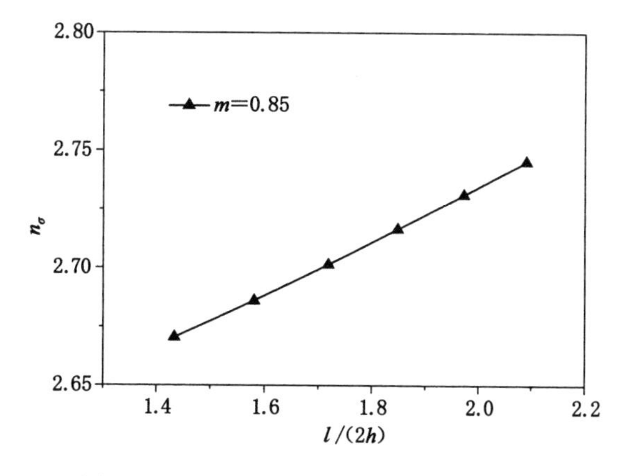

图 5-15　形状因子对应力状态系数的影响

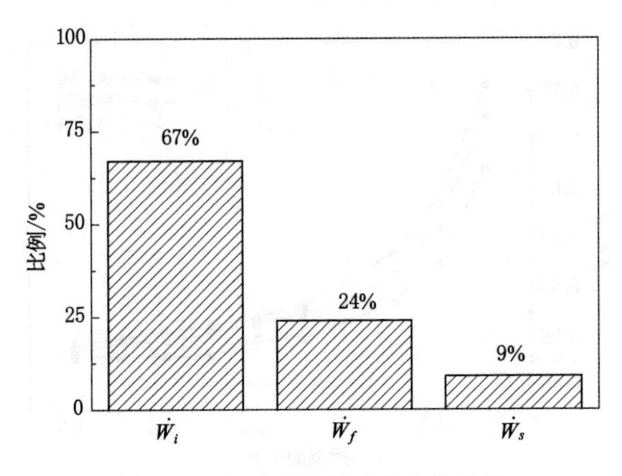

图 5-16　各功率占总功率中的比重

5.3　本章小结

(1) 提出针对厚板(形状因子满足 $l/(2h)<1$)的满足运动许可条件的简化的整体加权速度场。结合 MY 准则,采用应变矢量内积法获得内部变形功率解析解;通过共线矢量内积获得摩擦功率解析解;对于剪切功率,考虑双鼓形,提出 v_z 沿 z 方向呈抛物线分布比线性分布积分更加合理,求得总功率并最小化总功率泛函,进而求得轧制力。该解法从数学的角度直接对 Mises 非线性功率泛函进行线性化,实现了应变速率张量化为矢量内积并求和的运算。分析表明,计算数据与实测数据符合较好;摩擦因子减小或压下量增加时,中性点移向出口位置;形状因子减小时,应力状态系数增加,且摩擦因子对应力状态系数的影响可忽略。

(2) 提出了一个新的符合运动许可条件的对数速度场。使用上述厚板轧制的解析方法,采用 EA 屈服准则比塑性功率近似取代非线性的 Mises 比塑性功率,对薄板(形状因子满足 $l/(2h)>1$)热连轧的精轧区轧制力进行解析,该轧制力解法填补了国内外在热连轧轧制力方面的空缺。计算所得轧制力与实测数据比较表明,该轧制力计算模型具有较高精度。对各力能参数之间关系分析表明,薄板轧制过程中,摩擦功率影响变得显著,应力状态系数随形状因子的增大而增大。

(3) 针对薄板热连轧的特点,将整体加权速度场进一步简化为运动许可的二维速度场,并考虑轧辊弹性压扁影响,结合 GM 屈服准则对轧制力进行解析。结果表明:轧制力计算误差较小,反映出的力能变化规律符合实际,且轧辊弹性压扁对应力状态系数的影响几乎可忽略。以上解析解法对于成形过程中轧制功率泛函的求解具有启发意义。

第 6 章　立轧轧制力解析模型研究

热带粗轧常采用平-立交替轧制方式，如图 3-1 所示，其中立轧是用来调整板坯宽度。立轧是典型超高件变形问题，导致变形仅集中在板坯边部形成“狗骨”，立轧前后板坯截面形状如图 6-1 所示。

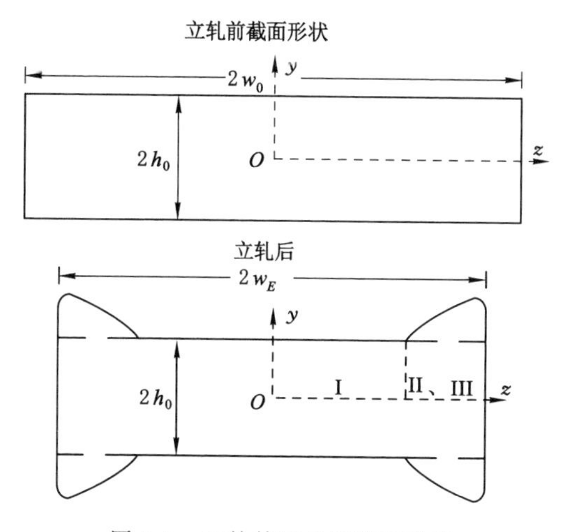

图 6-1　立轧前后板坯截面形状

针对立轧特点，国内外已有许多实验研究，Okado 首先提出仅考虑板厚和压下量影响的狗骨特征参数经验公式；Tazoe 得出了增加立辊直径和板宽因素的狗骨高度经验公式；之后 Ginzburg 等对该公式进行了修正。熊尚武用实验和有限元法(finite element method，FEM)，得出轧件形状参数和轧制力矩变化曲线。上述都是对立轧进行有限元模拟，对轧轧制力没有完整的解析式。对于立轧解析解的研究，Duckjoong 近来给出基于最小能原理的狗骨模型并以有限元模拟验证了模型精度。本章利用反对称抛物线函数狗骨模型推导出运动学许可的速度场和应变速率场，并通过角分线屈服准则求得狗骨变形中的内部变形功率，使用巴甫洛夫法则和积分中值定理分别求得摩擦功率和出剪切功率，最终得出立轧总功率泛函和轧制力解析解，并与文献[176]结果进行比较。

6.1　反对称抛物线狗骨模型

取轧件 1/4 为研究对象，坐标原点取入口截面中心，x，y，z 为轧件纵、厚、宽方向。立辊半径为 R，轧件初始厚 $2h_0$，宽 $2w_0$；轧后宽 $2w_E$，单侧压下量 $\Delta w=w_0-w_E$；l 为变形区接触弧在轧制方向投影，α 为接触角，θ 为咬入角，如图 6-2 所示。接触方程(轧件变形区内半宽)与参数方程和其一阶导数方程为：

$$\begin{cases} w_x = w_E + R - \sqrt{R^2 - (l-x)^2} \\ w_x = w_\alpha = w_E + R - R\cos\alpha \end{cases} \tag{6-1}$$

$$w'_x = -\tan\alpha, \theta = sin^{-1}(l/R) \tag{6-2}$$

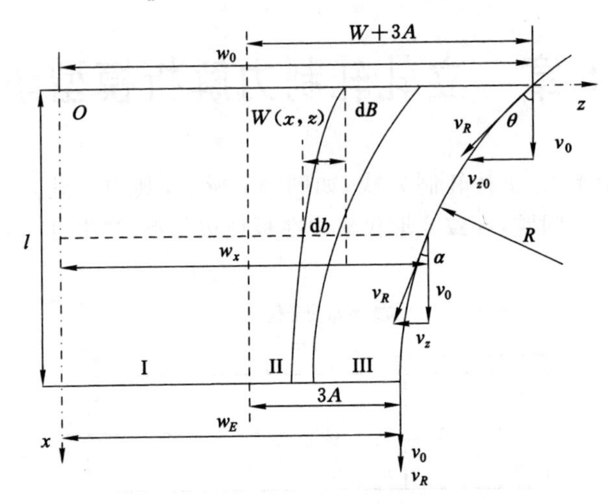

图 6-2　立轧变形区

由于宽厚比 w_0/h_0 较大且变形区长度和轧件平均宽度之比 $l/\bar{w}$ 很小,可近似看成三维半无限体变形,变形在未扩展到轧件中心之前便停止了。这时,在变形区内存在一个刚性区,板坯中间层金属阻碍表层金属延伸,因而使表层金属产生强迫宽展,并产生附加压应力,使变形抗力升高,从而在轧件侧面上出现双狗骨形。在 Duckjoong 的圆形狗骨曲线分为两个区的方法基础上,如图 6-3(a)所示,在宽度方向上将咬入区细分为 3 个区,即比 Duckjoong 方法多分一个刚性区:

Ⅰ区:骨茎区,刚性区,没有发生塑性变形。

Ⅱ区:过渡区,开始发生塑性变形,形状为与Ⅲ区反对称的抛物线。

Ⅲ区:骨头区,塑性变形结束,形状为对称抛物线。

将过渡区和骨头区分为等 A 的三段,有:

$$A_x = \frac{w_x - (w_E - 3A)}{3} \tag{6-3}$$

$$3A'_x = w'_x = \tan\alpha, w_x - 3A_x = w_E - 3A \tag{6-4}$$

其中,出口处 $A_x = A$,入口处 $A_0 = \Delta w/3 + A$。于是在厚度方向上的狗骨分段函数可以表示为:

$$h = \begin{cases} h_{\mathrm{I}} = h_0 & 0 < z < w_E - 3A \\ h_{\mathrm{II}}(x,z) = h_0 + \beta\Delta w_x[z - (w_x - 3A_x)]^2 & w_x - 3A_x < z < w_x - 2A_x \\ h_{\mathrm{III}}(x,z) = h_0 + 2\beta\Delta w_x A_x^2 - \beta\Delta w_x[z - (w_x - A_x)]^2 & w_x - 2A_x < z < w_x \end{cases} \tag{6-5}$$

式中,β 为待定参数。

假设变形区发生的是平面变形,即宽度方向的压入面积和Ⅱ区、Ⅲ区鼓出面积相等,即图 6-3(a)中阴影面积相等。

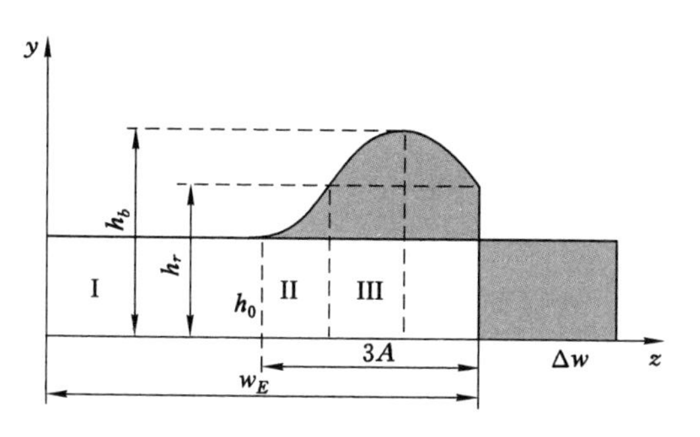

(a) 反对称抛物线狗骨曲线分区示意图

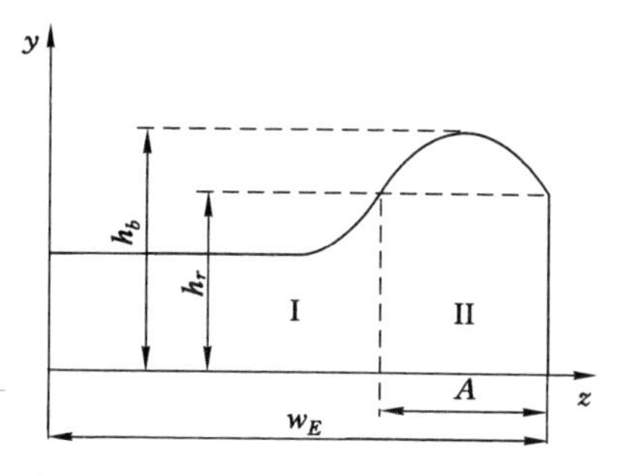

(b) Duckioong圆形狗骨曲线分区示意图

图 6-3　出口狗骨曲线

$$\Delta w_x h_0 = \int_{w_E-3A}^{w_x-2A_x} (h_{\text{II}} - h_0)\,\mathrm{d}z + \int_{w_x-2A_x}^{w_x} (h_{\text{III}} - h_0)\,\mathrm{d}z \tag{6-6}$$

得出出口骨峰与辊面狗骨高度分别为：

$$h_b = h_0 + 2\beta\Delta w A^2,\ h_r = h_0 + \beta\Delta w A^2 \tag{6-7}$$

将公式(6-5)代入式(6-6)中，得到 β 表达式为：

$$\beta = 3h_0/(11A_x^3) \tag{6-8}$$

公式(6-5)的边界条件如下：

$$h_{\text{I}}(0,z) = h_{\text{II}}(0,z) = h_{\text{III}}(0,z) = h_0$$

$$h_{\text{I}}(l,w_E - 3A) = h_{\text{II}}(l,w_E - 3A) = h_0$$

$$h_{\text{II}}(x,w_x - 2A_x) = h_{\text{III}}(x,w_x - 2A_x)$$

$$h_{\text{III}}(l,w_E - A) = h_0 + \frac{6h_0\Delta w}{11A} = h_b$$

$$h_{\text{III}}(l,w_E) = h_0 + \frac{3h_0\Delta w}{11A} = h_r$$

6.2　速度场

如图 6-2，设 $\mathrm{d}b - \mathrm{d}B$ 为轧件沿横向无限小位移改变量，$W = W(x,z)$ 为横向位移，则

$$\frac{\mathrm{d}W}{\mathrm{d}z} = \frac{\mathrm{d}b - \mathrm{d}B}{\mathrm{d}B} \tag{6-9}$$

依据不可压缩条件：

$$v_x = \frac{v_0 h_0}{h}\frac{\mathrm{d}B}{\mathrm{d}b} \tag{6-10}$$

将公式(6-9)代入式(6-10)，取 $\dfrac{\mathrm{d}W/\mathrm{d}z}{\mathrm{d}W/\mathrm{d}z + 1} \doteq \dfrac{\mathrm{d}W}{\mathrm{d}z}$，公式(6-10)表示为：

$$v_x = \frac{v_0 h_0}{h}\left(1 - \frac{\mathrm{d}W}{\mathrm{d}z}\right) \tag{6-11}$$

根据流函数性质 $\dfrac{v_z}{v_x} = \dfrac{\mathrm{d}W}{\mathrm{d}x}$，有：

$$v_z = v_x \frac{\mathrm{d}W}{\mathrm{d}x} \tag{6-12}$$

将式(6-11)代入式(6-12)得：

$$v_z = \frac{v_0 h_0}{h}\left(1 - \frac{\mathrm{d}W}{\mathrm{d}z}\right)\frac{\mathrm{d}W}{\mathrm{d}x} \tag{6-13}$$

由式(6-11)和(6-13)按体积不变条件，有：

$$\begin{cases} \dfrac{\partial v_y}{\partial y} + \dfrac{\partial v_x}{\partial x} = -\dfrac{\partial v_z}{\partial z} = -\dot{\varepsilon}_z \\ \dot{\varepsilon}_{\max} = \dot{\varepsilon}_y = \dfrac{\partial v_y}{\partial y}, \dot{\varepsilon}_{\min} = \dfrac{\partial v_z}{\partial z} \end{cases} \tag{6-14}$$

注意到 $h = h(x,z)$，$y = 0$，$v_y = 0$，将式(6-11)代入到式(6-13)和(6-14)，然后将 $\dot{\varepsilon}_y$ 对 y 积分得到速度场：

$$\begin{cases} v_x = \dfrac{v_0 h_0}{h}\left(1 - \dfrac{\mathrm{d}W}{\mathrm{d}z}\right) \\ v_y = \left\{\left(\dfrac{\partial W}{\partial z} - 1\right)\left[\dfrac{\partial}{\partial x}\left(\dfrac{1}{h}\right) + \dfrac{\partial}{\partial z}\left(\dfrac{1}{h}\right)\dfrac{\partial W}{\partial x} + \dfrac{1}{h}\dfrac{\partial^2 W}{\partial x \partial z}\right] + \dfrac{1}{h}\left[\dfrac{\partial^2 W}{\partial x \partial z} + \dfrac{\partial^2 W}{\partial z^2} \cdot \dfrac{\partial W}{\partial x}\right]\right\} v_0 h_0 y \\ v_z = \dfrac{v_0 h_0}{h}\left(1 - \dfrac{\mathrm{d}W}{\mathrm{d}z}\right)\dfrac{\mathrm{d}W}{\mathrm{d}x} \end{cases} \tag{6-15}$$

利用平面变形的假设和公式(6-15)，得：

$$v_x = \frac{v_0 h_0}{h}\left(1 - \frac{\mathrm{d}W}{\mathrm{d}z}\right) = v_0, \frac{\mathrm{d}W}{\mathrm{d}z} = 1 - \frac{h}{h_0} \tag{6-16}$$

至此，横向位移函数 W 就可以通过对 z 积分得到：

$$W = \int_0^z \left(1 - \frac{h}{h_0}\right)\mathrm{d}z \tag{6-17}$$

将公式(6-5)代入式(6-17)中，利用边界条件，Ⅰ、Ⅱ和Ⅲ区的横向位移函数分别为：

$$\begin{cases} W_{\mathrm{I}} = 0 \\ W_{\mathrm{II}} = -\dfrac{\beta \Delta w_x}{3h_0}[z - (w_x - 3A_x)]^3 \\ W_{\mathrm{III}} = \dfrac{\beta \Delta w_x}{3h_0}[z - (w_x - A_x)]^3 - \dfrac{6\Delta w_x}{11A_x}[z - (w_x - A_x)] - \dfrac{6\Delta w_x}{11} \end{cases} \tag{6-18}$$

将公式(6-18)式入式(6-15)，Ⅰ区的速度场和应变速率场分别为：

$$v_{x\mathrm{I}} = v_0, v_{y\mathrm{I}} = v_{z\mathrm{I}} = 0; \dot{\varepsilon}_{ij} = 0 \tag{6-19}$$

Ⅱ区的速度场和应变速率场分别为：

$$\begin{cases} v_{x\mathrm{II}} = v_0 \\ v_{y\mathrm{II}} = -\dfrac{3v_0 w_x'}{11A_x^3}\left(1 + \dfrac{\Delta w_x}{A_x}\right)[z - (w_x - 3A_x)]^2 y \\ v_{z\mathrm{II}} = \dfrac{v_0 w_x'}{11A_x^3}\left(1 + \dfrac{\Delta w_x}{A_x}\right)[z - (w_x - 3A_x)]^3 \end{cases} \tag{6-20}$$

$$\begin{cases}\dot{\varepsilon}_{x\text{Ⅱ}}=0\\ \dot{\varepsilon}_{y\text{Ⅱ}}=-\dfrac{3v_0w'_x}{11A_x^3}\left(1+\dfrac{\Delta w_x}{A_x}\right)[z-(w_x-3A_x)]^2\\ \dot{\varepsilon}_{z\text{Ⅱ}}=\dfrac{3v_0w'_x}{11A_x^3}\left(1+\dfrac{\Delta w_x}{A_x}\right)[z-(w_x-3A_x)]^2\end{cases}\tag{6-21}$$

Ⅲ区的速度场和应变速率场分别为：

$$\begin{cases}v_{x\text{Ⅲ}}=v_0\\ v_{y\text{Ⅲ}}=\dfrac{3v_0yw'_x}{11A_x^3}\left\langle\left\{\left(1+\dfrac{\Delta w_x}{A_x}\right)[z-(w_x-A_x)]^2+\dfrac{4\Delta w_x}{3}[z-(w_x-A_x)]\right\}-2A_x^2\left(1+\dfrac{\Delta w_x}{3A_x}\right)\right\rangle\\ v_{z\text{Ⅲ}}=-\dfrac{v_0w'_x}{11A_x^3}\left\{\left(1+\dfrac{\Delta w_x}{A_x}\right)[z-(w_x-A_x)]^3+2\Delta w_x[z-(w_x-A_x)]^2\right\}+\\ \qquad\dfrac{6v_0w'_x}{11A_x}\left\{\left(1+\dfrac{\Delta w_x}{3A_x}\right)[z-(w_x-A_x)]+\dfrac{2}{3}\Delta w_x+A_x\right\}\end{cases}\tag{6-22}$$

$$\begin{cases}\dot{\varepsilon}_{x\text{Ⅲ}}=0\\ \dot{\varepsilon}_{y\text{Ⅲ}}=\dfrac{3v_0w'_x}{11A_x^3}\left\langle\left\{\left(1+\dfrac{\Delta w_x}{A_x}\right)[z-(w_x-A_x)]^2+\dfrac{4\Delta w_x}{3}[z-(w_x-A_x)]\right\}-2A_x^2\left(1+\dfrac{\Delta w_x}{3A_x}\right)\right\rangle\\ \dot{\varepsilon}_{z\text{Ⅲ}}=-\dfrac{3v_0w'_x}{11A_x^3}\left\langle\left\{\left(1+\dfrac{\Delta w_x}{A_x}\right)[z-(w_x-A_x)]^2+\dfrac{4\Delta w_x}{3}[z-(w_x-A_x)]\right\}-2A_x^2\left(1+\dfrac{\Delta w_x}{3A_x}\right)\right\rangle\end{cases}\tag{6-23}$$

注意到Ⅱ区，式(6-20)中当 $y=0$ 时，$v_{y\text{Ⅱ}}=0$；当 $z=w_x-3A_x$ 时，$v_{z\text{Ⅱ}}=0$；故满足水平轴及Ⅰ、Ⅱ两区界面边界条件，且式(6-21)有 $\dot{\varepsilon}_{x\text{Ⅱ}}+\dot{\varepsilon}_{y\text{Ⅱ}}+\dot{\varepsilon}_{z\text{Ⅱ}}=0$，故Ⅱ区速度场和应变速率场为运动许可场。

同理Ⅲ区内，式(6-22)中当 $y=0$ 时，$v_{y\text{Ⅲ}}=0$；当 $z=w_x-2A_x$ 时，$v_{z\text{Ⅲ}}=v_{z\text{Ⅱ}}$；故满足水平轴及Ⅰ、Ⅱ两区界面法向速度连续条件，且式(6-23)有 $\dot{\varepsilon}_{x\text{Ⅲ}}+\dot{\varepsilon}_{y\text{Ⅲ}}+\dot{\varepsilon}_{z\text{Ⅲ}}=0$，故Ⅲ区速度场和应变速率场为运动许可场。

6.3　总功率泛函及其最小化

6.3.1　内部变形功率

注意到角分线屈服准则比塑性功率为：

$$D(\dot{\varepsilon}_{ij})=\frac{\sigma_s}{\sqrt{3}}(\dot{\varepsilon}_{\max}-\dot{\varepsilon}_{\min})\tag{6-24}$$

Ⅰ区为刚性区，所以有：

$$\dot{W}_{i\text{Ⅰ}}=0\tag{6-25}$$

Ⅱ区 $\dot{\varepsilon}_{\max}=\dot{\varepsilon}_{y\text{Ⅱ}}$，$\dot{\varepsilon}_{\min}=\dot{\varepsilon}_{z\text{Ⅱ}}$，将式(6-21)代入式(6-24)，积分得：

$$\dot{W}_{i\text{Ⅱ}}=\iiint_V D(\dot{\varepsilon}_{ij})\,\mathrm{d}V=\frac{4\sigma_s}{\sqrt{3}}\int_0^l\int_{w_E-3A}^{w_x-2A_x}\int_0^{h_\text{Ⅱ}}(\dot{\varepsilon}_{y\text{Ⅱ}}-\dot{\varepsilon}_{z\text{Ⅱ}})\,\mathrm{d}y\mathrm{d}z\mathrm{d}x$$

$$=\frac{8\sigma_s v_0 h_0}{121\sqrt{3}}\left(\frac{27\Delta w^2}{5A}-6\Delta w\varepsilon-18A\varepsilon+5\Delta w\right) \tag{6-26}$$

Ⅲ区 $\dot{\varepsilon}_{max}=\dot{\varepsilon}_{y\text{Ⅲ}}$，$\dot{\varepsilon}_{min}=\dot{\varepsilon}_{z\text{Ⅲ}}$，将式(6-23)代入式(6-26)，积分得：

$$\dot{W}_{i\text{Ⅲ}}=\frac{4\sigma_s}{\sqrt{3}}\int_0^l\int_{w_x-2A_x}^{w_x}\int_0^{h_\text{Ⅲ}}(\dot{\varepsilon}_{y\text{Ⅲ}}-\dot{\varepsilon}_{z\text{Ⅲ}})\,\mathrm{d}y\mathrm{d}z\mathrm{d}x$$

$$=\frac{8v_0\sigma_s h_0}{121\sqrt{3}}\left(\frac{174\Delta w^2}{5A}-12\varepsilon\Delta w-36A\varepsilon+98\Delta w\varepsilon\right) \tag{6-27}$$

所以，内部变形功为：

$$\dot{W}_i=\dot{W}_{iq\text{Ⅰ}}+\dot{W}_{i\text{Ⅱ}}+\dot{W}_{i\text{Ⅲ}}=\frac{8\sigma_s v_0 h_0}{121\sqrt{3}}\left[\frac{201\Delta w^2}{5A}-18\Delta w\varepsilon-54A\varepsilon+103\Delta w\right] \tag{6-28}$$

式中，$\varepsilon=\ln[3A/(\Delta w+3A)]$。

6.3.2 摩擦功率

取出入口接触面平均厚度为：

$$\bar{h}=(h_r+h_0)/2=h_0+\frac{3h_0\Delta w}{2\times 11A} \tag{6-29}$$

对接触面沿轧向与厚向速度皆取均值有：

$$v_{y\text{Ⅲ}}\big|_{x=0}=\frac{3v_0 y\tan\theta}{11A_0},\ v_{y\text{Ⅲ}}\big|_{x=l}=0$$

$$\bar{v}_{y\text{Ⅲ}}=\frac{3v_0 y\tan\theta}{2\times 11A_0},\ \bar{v}_{y\text{Ⅲ}}\big|_{y=0}=0$$

$$\bar{v}_{y\text{Ⅲ}}\big|_{y=\bar{h}_r}\ \frac{3v_0\bar{h}_r\tan\theta}{22A_0},\ \bar{v}_{y\text{Ⅲ}}=\frac{3v_0\bar{h}_r\tan\theta}{44A_0}$$

用巴甫洛夫面积投影代替力的投影法则，将接触弧面及相应切向速度不连续量投影到轧制方向：

$$\Delta\bar{v}_t=\frac{1}{\theta}\iint_0^\theta(v_R\cos\alpha-v_0)\,\mathrm{d}\alpha=\frac{\sin\theta}{\theta}v_R-v_0 \tag{6-30}$$

摩擦功率积分为：

$$\dot{W}_f=4\iint_{S_f}\tau_f|\Delta v_f|\,\mathrm{d}S=4mk\int_{S_f}\Delta v_f\sqrt{1+w_x'}\,\mathrm{d}y\mathrm{d}x$$

$$=4mk\int_0^l\int_0^{\bar{h}_r}\sqrt{\bar{v}_{y\text{Ⅲ}}^2+\Delta\bar{v}_t^2}\,\mathrm{d}y\mathrm{d}x$$

$$=\frac{4m\sigma_s}{\sqrt{3}}\bar{h}_r l\sqrt{\left(\frac{3v_0\bar{h}_r\tan\theta}{44A_0}\right)^2+\left(\frac{\sin\theta}{\theta}v_R-v_0\right)^2} \tag{6-31}$$

6.3.3 剪切功率

由速度场公式(6-19)、(6-20)和(6-22)得，出口处 $w_x'=0$，$v_{y\text{Ⅰ}}=v_{z\text{Ⅰ}}=0$，$v_{y\text{Ⅱ}}=v_{z\text{Ⅱ}}=0$，$v_{y\text{Ⅲ}}=v_{y\text{Ⅲ}}=0$，故出口截面不消耗剪切功，但入口处存在速度不连续面，对 y、z 使用积分中值定理：

$$\bar{v}_{y\text{II}} = \frac{\int_0^{h_0}\int_{w_0-3A_0}^{w_0-2A_0} v_{y\text{II}}\,\mathrm{d}y\mathrm{d}z}{A_0h_0} = \frac{v_0h_0\tan\theta}{22A_0}, \bar{v}_{z\text{II}} = \frac{-v_0\tan\theta}{4\times 11} \tag{6-32}$$

$$\bar{v}_{y\text{III}} = \frac{\int_0^{h_0}\int_{w_0-3A_0}^{w_0-2A_0} v_{y\text{III}}\,\mathrm{d}y\mathrm{d}z}{2A_0h_0} = \frac{5v_0h_0\tan\theta}{22A_0}, \bar{v}_{z\text{III}} = \frac{-6v_0\tan\theta}{11} \tag{6-33}$$

Ⅱ区剪切功率积分为：

$$\dot{W}_{s\text{II}} = 4k\int_{W_0-3A_0}^{W_0-2A_0}\int_0^{h_0}\sqrt{(\bar{v}_{y\text{II}})^2+(\bar{v}_{z\text{II}})^2}\,\mathrm{d}y\mathrm{d}z = \frac{2\sigma_s h_0^2 v_0\tan\theta}{11\sqrt{3}}\left[\sqrt{1+\left(\frac{A_0}{2h_0}\right)^2}\right] \tag{6-34}$$

Ⅲ区剪切功率积分为：

$$\dot{W}_{s\text{III}} = 4k\int_{w_0-2A_0}^{w_0}\int_0^{h_0}\sqrt{\bar{v}^2_{y\text{III}}+\bar{v}^2_{z\text{III}}}\,\mathrm{d}y\mathrm{d}z = \frac{20\sigma_s v_0 h_0^2\tan\theta}{11\sqrt{3}}\left[\sqrt{1+\left(\frac{12A_0}{5h_0}\right)^2}\right] \tag{6-35}$$

式中，$A_0=\Delta w/3+A$。

6.3.4　总功率泛函及其最小化

将公式(6-28)、(6-31)、(6-34)和(6-35)各个功率相加得到总功率泛函表达式为：

$$\begin{aligned} J^* &= \dot{W}_i+\dot{W}_f+\dot{W}_{s\text{II}}+\dot{W}_{s\text{III}} \\ &= \frac{2\sigma_s v_0 h_0}{\sqrt{3}}\left\{\frac{4}{121}\left[\frac{201\Delta w^2}{5A}-18\Delta w\varepsilon-54A\varepsilon+103\Delta w\right]+\frac{h_0\tan\theta}{11}\left[\sqrt{1+\left(\frac{A_0}{2h_0}\right)^2}\right]+\right. \\ &\quad \left.\frac{10h_0\tan\theta}{11}\left[\sqrt{1+\left(\frac{12A_0}{5h_0}\right)^2}\right]+2ml\frac{\bar{h}_r}{h_0}\sqrt{\left(\frac{3\bar{h}_r\tan\theta}{44A_0}\right)^2+\left(\frac{\sin\theta}{\theta}\frac{v_R}{v_0}-1\right)^2}\right\} \end{aligned} \tag{6-36}$$

公式(6-36)为反对称抛物线立轧轧制功率泛函的解析解。其中 σ_s 为材料变形抗力，m 为常摩擦因子，$A_0=\Delta w/3+A$，$\varepsilon=\ln[3A/(\Delta w+3A)]$，可以使用搜索法得到总功率泛函的极小值 $J^*_{\min}$。至此，可以通过公式(6-37)得到轧制力的解析解。

$$M_{\min} = \frac{RJ^*_{\min}}{2\nu_R}, F_{min} = \frac{M_{\min}}{\chi\cdot l} \tag{6-37}$$

热轧中，力臂系数 χ 通常取 0.3～0.6。

6.4　计算与验证

定义 $\bar{P}$ 为立轧过程中轧件单位厚度的轧制力，有：

$$\frac{\bar{P}}{\sigma_s} = \frac{F/\sigma_s}{2h_0} \tag{6-38}$$

为了避免变形抗力对模型的影响，计算 $\bar{P}/\sigma_s$ 与 Duckjoong 的方法进行比较，如图 6-4 至图 6-6 所示。

图 6-4 为不同 R 对应的轧制力，随着轧辊半径的减小，轧辊与轧件接触区域弧长和接触面积减小，轧件塑性变形区的体积减小，所以轧制力减小。

图 6 5 为不同 h_0 对应的轧制力，随着轧件初始厚度的增加轧件塑性变形区的体积增

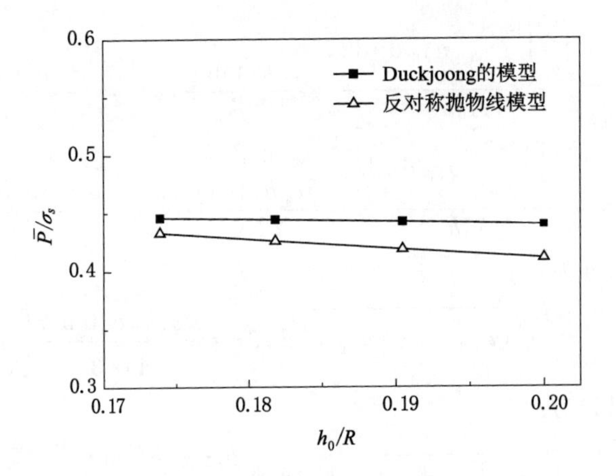

图 6-4　h_0/R 对轧制力的影响

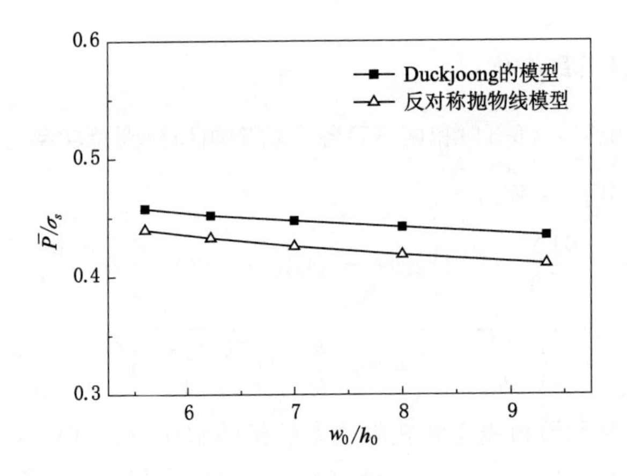

图 6-5　w_0/h_0 对轧制力的影响

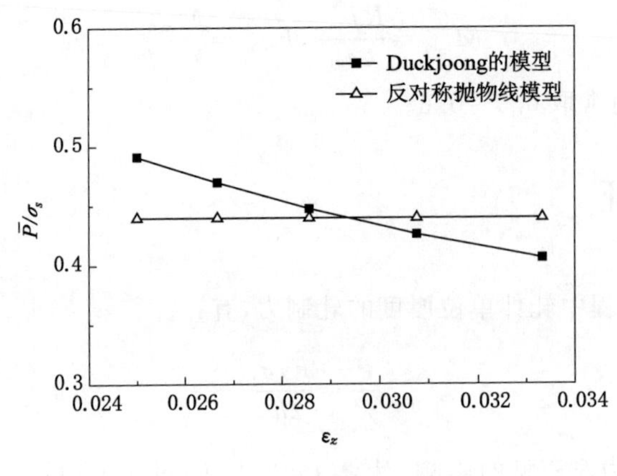

图 6-6　ε_z 对轧制力的影响

加，并且与轧辊接触的面积增加，所以轧制力增加。

图 6-6 为在 Δw 相同时，不同 ε_z 对应的轧制力，压下量不变时轧制力基本上不变。由

于积分区域的不同，反对称抛物线模型计算得到的轧制力略小于 Duckjoong 的模型计算出来的结果，误差小于 10.4%。这是因为 Duckjoong 的模型假设整个宽度方向均为变形区，使得计算得到的内部变形功比实际值偏大，而这一假设又与实际变形状态矛盾。此外，本方法给出总功率泛函的解析式，可以更快更容易得到不同生产条件下的力能参数。

图 6-7 为两种方法在轧制条件 $v_R=1.7$ m/s，$w_0=735$ mm，$w_E=752$ mm，$R=550$ mm，$h_0=95$ mm，$m=0.6$ 下得出的狗骨形状比较，最大误差为 4.2%。此外，反对称抛物线模型给出轧件变形后整个断面完整的轮廓线函数表达式，而 Duckjoong 模型只给出了一些狗骨参数的表达式，所以反对称抛物线模型可以更完整更容易地得到不同生产条件下的狗骨断面形状参数。

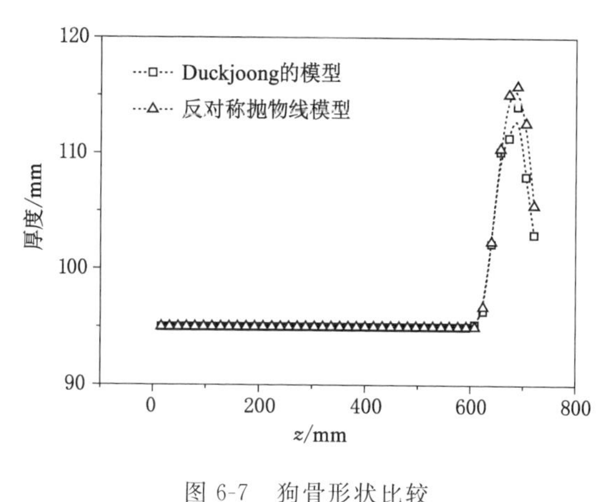

图 6-7　狗骨形状比较

图 6-8 为立辊直径对狗骨骨峰高度的影响，可以看出 h_b 随轧辊半径 R 增加而下降，随宽度变化量 Δw 增加而增加。同时也可看出，随着侧压量的增加，立辊直径对 h_b 的影响程度增加，即表明在要求较大侧压量的情况下，应采用大直径立辊，使压制效率提高。

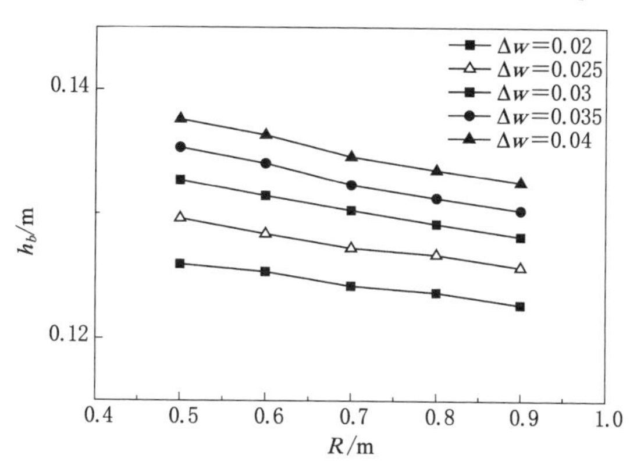

图 6-8　立辊直径对狗骨骨峰的影响

图 6-9 表明，骨峰位置 L_p 随宽度变化量 Δw 增大而减小，随轧辊半径 R 增加而下降。主要原因为 Δw 增大，使得接触弧长增大，内部变形功增大，即刚性区减小，变形向板坯中央位置渗透而引起的。而 L_p 随 R 的增加而下降是由于 Δw 变化产生的作用超过 R 作用导致。

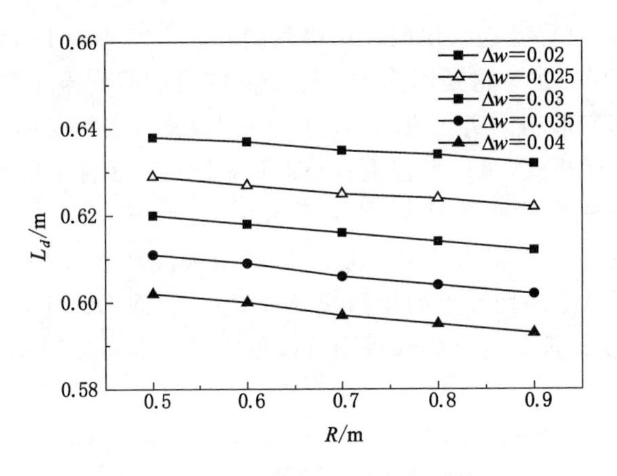

图 6-9　立辊直径对狗骨骨峰位置的影响

图 6-10 所示摩擦功率远小于剪切功率和内部变形功率，反映了立轧轧件宽厚比大，轧件与轧辊接触面积小。

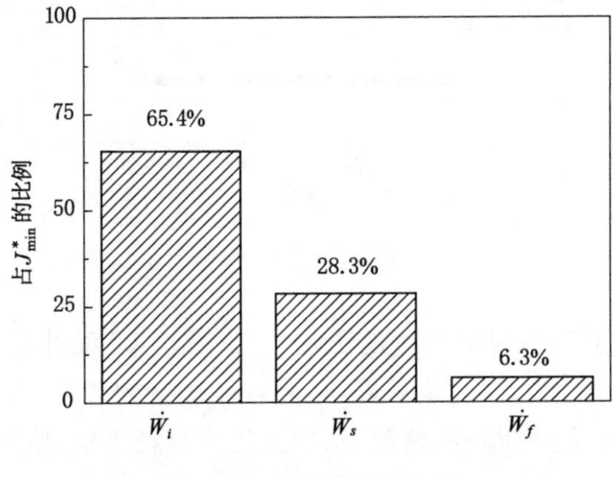

图 6-10　各功率所占比例

6.5　本章小结

本章针对立轧宽厚比较大，且变形区长度和轧件平均宽度之比 $l/\bar{w}$ 很小的特点，对咬入区进行细致分区，使用反对称抛物线模型对变形区进行计算，推导出运动许可的速度场和应变速率场，利用角分线法则求解出内部变形功率；利用巴甫洛夫法则求解出摩擦功率；利用积分中值定理求解出剪切功率，从而得到总功率泛函，再通过极值得到立轧轧制力的解析解。计算轧制力略小于 Duckjoong 的模型计算出来的结果，是由于 Duckjoong 的假设中没有刚性区，从而致使内部变形功过大导致。此外，反对称抛物线模型给出轧件变形后整个断面完整的轮廓线函数表达式，可以更完整、更容易得到不同生产条件下的狗骨断面形状参数。本章中的立轧轧制力解析解法对成形过程中轧制功率泛函的求解也具有启发意义。

第 7 章　中厚板智能剪切关键技术研究

中厚板是国民经济发展所必需的重要钢铁材料，被广泛应用于海洋工程、能源电力、石油化工、机械制造、国防军工等领域的高端装备制造，其总产量占到钢材总量的 10%～16%，国内重点钢铁企业都以其为重要战略产品。

在产品个性化需求和大批量工业化生产条件下，由于钢坯尺寸不一、钢坯温度分布不均、轧机跳动等因素引起复杂多样的板形问题，例如侧弯（也称为镰刀弯，下文统称之为侧弯）、头/尾部形状不规则（如图 7-1），严重影响了轧制后钢板快速在线剪切。在中厚板生产线中，剪切是生产合同尺寸规格钢板的重要工序，由于工艺的复杂性和受设备限制，剪切的生产能力常常是整条中厚板生产线产能提升的瓶颈。一般中厚板剪切线上有切头剪、双边剪和定尺剪等三台关键设备，切头剪和定尺剪为横切设备，双边剪为纵切设备。其中，切头剪负责切除轧制板头尾的不规则形状并对轧制大板进行分段粗切；双边剪负责切除钢板两侧的毛边，使钢板达到合同宽度；定尺剪用于精确测定钢板长度并将钢板切至合同长度规格。

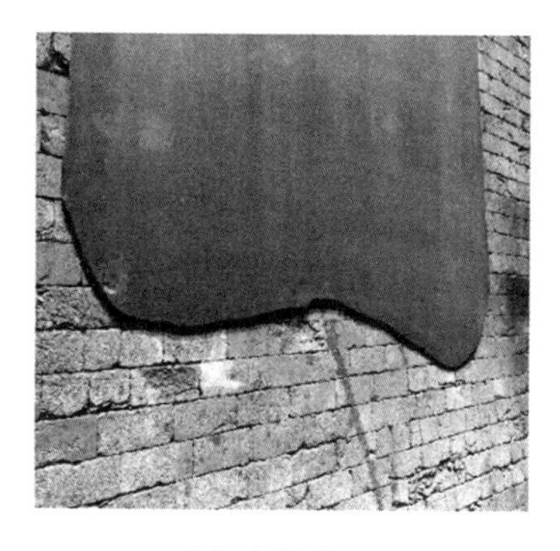

(a) 鱼尾形

(b) 侧弯

图 7-1　钢板不规则形貌

就剪切线而言，它的设计必须在满足不断提高的中厚板剪切质量和钢板尺寸精确度的要求的基础上，满足钢板成材率的要求。统计结果显示，中厚板的切边损失以及切头尾损耗分别占了中厚板损耗的 23%和 26%。同时，剪切之前需要对钢板进行测量预定位，所以剪切线的划分依赖于对钢板轮廓的精确把握，而若钢板轮廓测量不准确就会导致一系列的问题。以山东某中厚板厂举例具体说来，目前剪切线主要有以下几个问题：

（1）无法确定头尾部不规则形状区域大小。头部变形区大小无法准确识别，经常出现钢板头部变形区剪切量过大或过小，导致最后一个子板长度无法保证或第一个子板变形区未切净造成带出品。

(2) 不能定量确定侧弯的大小及其对粗分和双边剪切的影响。如果侧弯过大,为尽可能保证产品子板尺寸,降低由于短尺造成的产品不合格,会改变原计划定尺剪横切方案,而是依据实际情况粗略横切1～2刀,在生产中称为粗分。由于没有精准剪切指导,轧制镰刀弯钢板依靠人工无法精确判断是否粗分及粗分位置,如图7-2和图7-3所示,导致后续子板双边剪切时因粗分不当无法切边,未切边回流比例3.0%,每月大约3 600 t左右,严重影响生产节奏。

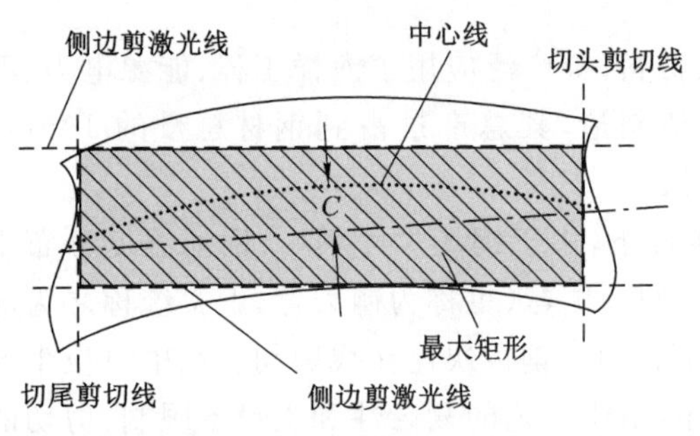

图7-2　侧弯不需要粗分示意图

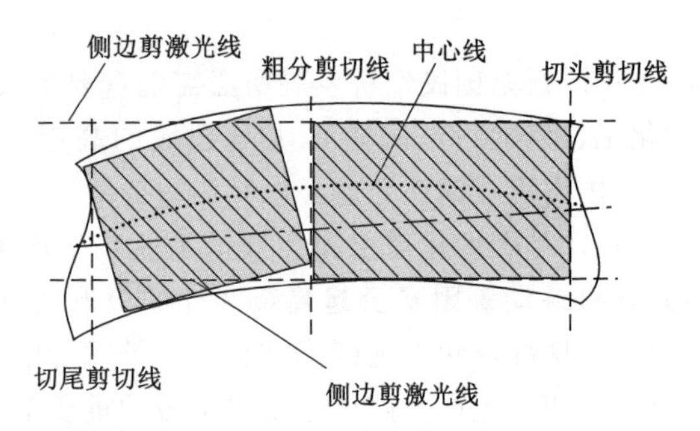

图7-3　侧弯需要粗分示意图

(3) 粗分目标长度不确定导致的无法确定粗分策略,直接导致产品质量下降。由于待剪切钢板粗分的位置不精确导致钢板短尺(如图7-4所示),目前该厂由于长度不足带出品率每月0.7%,转入现货每月大约870 t左右,按销售平均售价降低600元/t来计算,月度损失52.2万元。

图7-4　钢板定尺完毕后发现尾板长度不足

(4) 依赖人工手动干预量大,增加产生不合格产品的风险。头部变形区切割量设定、粗分位置选择等都需人工经验判断,造成人工干预的工作量大,增加操作人员工作负担,但产线生产和质检人员紧张,导致工序无法做到逐支进行形状识别,部分不合格钢板流入成品库。

目前我国的绝大部分中厚板厂的剪切线,都使用传统的定长剪切和人工设定的模式进行剪切,以上问题虽是个厂案例,但普遍存在。因此,现阶段国内中厚板厂的剪切线如想提高生产效率,降低剪切损耗,都面临如下挑战:如何准确快速识别钢板头尾部不规则变形区域的大小,准确计算出头尾部剪切线位置?如何准确快速的定量给出钢板侧弯量,使之成为后续计算粗分策略的基础,以保证子板成品尺寸?如何依据计划数据、侧弯量及头尾剪切量建立粗分策略计算模型?如何使上述计算模型集成到现有的过程控制系统中,以实现自动、智能剪切？

以上问题的技术瓶颈在于中厚板这种大尺寸且生产环境复杂的工件图像采集及识别困难，缺少先进的手段对剪切进行精准指导。同时，侧弯量、产品尺寸数据、订单优先级、生产剪切效率和剪切损耗之间的数学关系尚不清晰，无法建立准确的数学模型来优化剪切策略。本章将针对基于机器视觉的中厚板轧制在线智能剪切关键技术进行研究，在传统剪切线典型设备的基础上，结合机器视觉解决由于中厚板尺寸大、生产环境复杂而造成的图像采集、处理和形状、尺寸识别困难的问题，同时寻找在线剪切各种参数间的直接或间接关系建立数学模型优化剪切策略，为企业提供合理的智能剪切方案。研究成果将大大提高中厚板企业剪切线的自动化水平，提高其剪切节奏，降低剪切损耗，将给企业带来巨大利益，具有较为广阔的应用前景。

本章将围绕莱芜钢铁集团银山型钢有限公司中厚板 4 300 mm 生产线钢板轮廓形状智能化识别的实际需求，介绍如何突破现场复杂环境的干扰，利用机器视觉的技术，在原有生产线上集成并开发应用中厚板轮廓形状识别系统，进而实现智能剪切。

7.1　生产线主要概况

莱钢 4 300 mm 中厚板生产线为莱钢“十一五”规划最大投资项目，于 2007 年开始筹建，2009 年 8 月全线热试成功。整条生产线的轧机及相应的控制系统等关键设备和技术从奥钢联、西门子引进，主体设备有蓄热步进梁式加热炉、双机架四辊粗轧机和精轧机、MULPIC 在线快速冷却系统、冷/热矫直机、在线探伤机、滚盘式冷床、切头剪、滚切式双边剪、定尺剪、试样剪、冷喷号机、垛板机等，设备配置齐全，整体设备和技术达到国际领先水平。主营产品立足于“高、精、优、专”等高端产品，有风电塔筒用钢板、低合金高强度结构钢、造船用钢板、海洋平台用钢板、工程机械用高强度钢板、石油储罐用钢板、桥梁用钢板、锅炉压力容器用钢板、贝斯及国标系列耐磨钢板等中高端精品板材，产品已应用于卡特彼勒、徐工、郑煤机、久益环球等国内外知名企业以及亚马尔天然气平台、齐鲁大道黄河桥、青岛港原油储备等国内外重大建设项目。

产线年设计生产能力 150 万 t/a，剪切线生产能力 120 万 t/a。钢板剪切是为了使轧出的钢板尺寸及表面状况等达到标准要求及客户要求。轧制完成的钢板经过热矫开始经过冷床冷却、表面检查、切头剪切头切尾，内部探伤、双边剪定宽、定尺剪定尺、成品喷印等工序。目前，剪切钢板厚度规格 5～50 mm、宽度规格 1 500～4 100 mm、长度规格 3 000～18 000 mm，成品规格如下表。

表 7-1　产线成品规格

序号	产品规格	产品尺寸
1	厚度	5～100 mm
2	宽度	1 500～4 100 mm
3	轧制钢板长度	3 000～43 000 mm
4	成品钢板长度	3 000～18 000 mm
5	钢板重量	≤24t

7.2 大尺寸不规则运动钢板图像采集模型

中厚板轮廓形状识别，首先需要解决钢板图像采集问题，在采集过程中会出现一系列问题：由于中厚板具有较大尺寸（轧制钢板最长 43 000 mm，最宽 4 100 mm），使得面阵相机难以对其进行整体成像；同时由于钢板在辊道运行中会发生打滑现象，钢板的运动速度会发生不规则变化，伴随着钢板横移、旋转和震颤，这会使得采集到的图像具有比较大的误差，甚至会使图像中物体丢失其原有形状特征。针对上述问题，本文研究并提出了中厚板图像采集模型，具体方案如下。

7.2.1 基于高清线阵相机的图像采集系统构架

面阵相机内部具有多行感光元素，可以一次拍摄一张完整图片；而线阵相机内部只有一行感光元素，因此成像只能通过逐行采集。因为单行采集特点，线阵相机采集速度更快，同时采集到的图像分辨率的上限更高。而且通过实际生产可知，成型后的中厚板轧制大板在生产线辊道上，最大尺寸可达 43 m，在保证成像清晰度的情况下，使用面阵相机是无法对其进行完整成像。线阵相机虽然每次成像只有一行，但是其采集图像的帧率较高，完全可以适应中厚板的生产节奏，成像清晰，配合长焦定焦镜头可适用于现场图像采集。

7.2.2 基于多阵列双目线阵相机的图像采集方法

在热矫直机出口处安装轮廓检测仪，主要由三组高速线阵 CCD 相机组成轮廓检测仪 L-R、轮廓检测仪 A 和轮廓检测仪 B 以及激光测速仪组成，如图 7-5 所示。轮廓检测仪 L-R 由四台相机组成；轮廓检测仪 A 和轮廓检测仪 B 分别由两台相机组成，并与轮廓检测仪 L-R 组成三相机组测量系统，对钢板整体轮廓进行测量。通过辅助相机设备 A 与 B 对钢板标记位置进行测定，确定钢板采集部分旋转及偏移量值，并对主成像设备 L-R 进行图像采集及拼接补偿。同时为应对中厚板现场复杂多变的生产环境，用遮光罩对轮廓检测仪的相机镜头进行保护，利用冷却防护箱保持测头内恒温，并用减振架吸收和减缓外部的冲击或振动。通过激光测速仪对中厚板速度进行测量，并以此为基础计算中厚板长度，防止轮廓检测过程中钢板与辊道发生打滑现象影响检测精度。

为解决钢板颠簸问题，轮廓检测仪均由一组或两组双目相机组成，双目相机成像原理如下

相机成像模型在理想透镜情况下是一种线性投影变换，即小孔成像模型。在成像模型中存在四种不同的坐标系，分别为世界坐标系（X_W, Y_W, Z_W）、相机坐标系（x_c, y_c, z_c）、成像平面坐标系（x, y）以及图像坐标系（μ, ν），如图 7-6 所示。

从世界坐标系到图像坐标系的变换公式如式(7-1)所示：

$$Z_c \begin{vmatrix} \mu \\ \nu \\ 1 \end{vmatrix} = \begin{bmatrix} \frac{1}{S_x} & 0 & \mu_0 \\ 0 & \frac{1}{S_y} & \nu_0 \\ 0 & 0 & 1 \end{bmatrix} \begin{bmatrix} f & 0 & 0 & 0 \\ 0 & f & 0 & 0 \\ 0 & 0 & 1 & 0 \end{bmatrix} \begin{bmatrix} R & T \\ 0^{\mathrm{T}} & 1 \end{bmatrix} \begin{bmatrix} X_W \\ Y_W \\ Z_W \\ 1 \end{bmatrix} = M \begin{bmatrix} X_W \\ Y_W \\ Z_W \\ 1 \end{bmatrix} \tag{7-1}$$

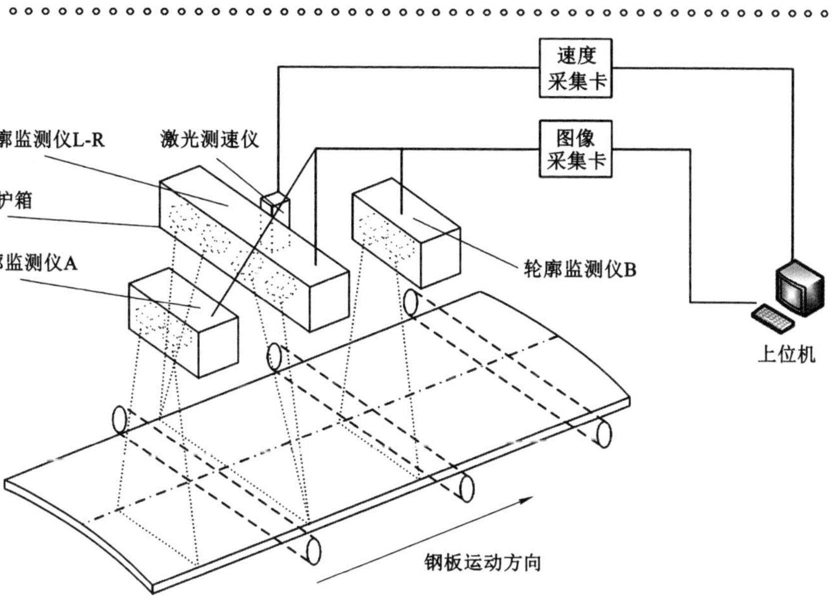

图 7-5　中厚板图像采集设备及方案

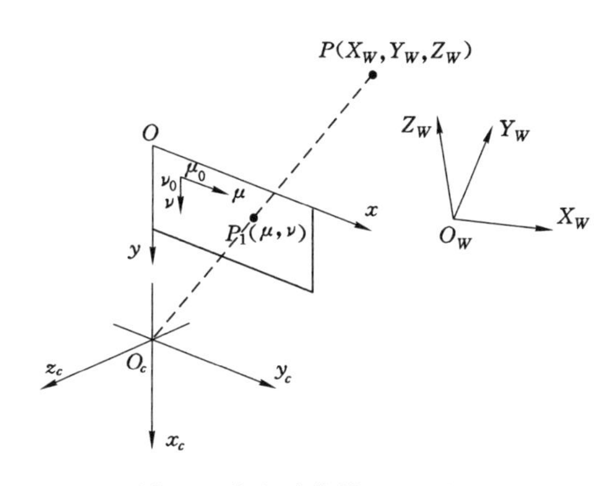

图 7-6　相机成像模型的坐标系

式中，点(X_W,Y_W,Z_W)表示世界坐标；点(μ,ν)图像坐标；S_x 和 S_y 是缩放比例系数，表示单个像元的长和宽；点(μ_0,ν_0)为像素的主点，表示投影中心在像平面的垂直投影；f 为相机焦距；$\boldsymbol{R}=(\alpha,\beta,\gamma)^{\mathrm{T}}$ 为旋转矩阵，$\boldsymbol{T}=(t_x t_y,t_z)^{\mathrm{T}}$ 为平移矩阵，$\boldsymbol{0}^{\mathrm{T}}=(0,0,0)^{\mathrm{T}}$。

参数 S_x、S_y、μ_0、ν_0、f 为相机的内部参数，矩阵 $R=(\alpha,\beta,\gamma)^{\mathrm{T}}$，$T=(t_x t_y,t_z)^{\mathrm{T}}$ 为相机外部参数，均可由相机标定算法求出，设矩阵 $\boldsymbol{M}$ 为 3×4 矩阵：

$$\boldsymbol{M}=\begin{bmatrix} m_{11} & m_{12} & m_{13} & m_{14} \\ m_{21} & m_{22} & m_{23} & m_{24} \\ m_{31} & m_{32} & m_{33} & m_{34} \end{bmatrix} \tag{7-2}$$

式中，$m_{11}-m_{34}$ 均可由相机标定算法间接求出。

则公式(7-1)可表示为下式：

$$Z_c \begin{vmatrix} \mu \\ \nu \\ 1 \end{vmatrix} = \begin{bmatrix} m_{11} & m_{12} & m_{13} & m_{14} \\ m_{21} & m_{22} & m_{23} & m_{24} \\ m_{31} & m_{32} & m_{33} & m_{34} \end{bmatrix} \begin{bmatrix} X_W \\ Y_W \\ Z_W \\ 1 \end{bmatrix} \tag{7-3}$$

将公式(7-3)展开并整理得公式(7-4)，

$$\begin{cases} (\mu m_{31} - m_{11})X_W + (\mu m_{32} - m_{12})Y_W + (\mu m_{33} - m_{13})Z_W = m_{14} - \mu m_{34} \\ (\nu m_{31} - m_{21})X_W + (\nu m_{32} - m_{22})Y_W + (\nu m_{33} - m_{23})Z_W = m_{24} - \nu m_{34} \end{cases} \tag{7-4}$$

由公式(7-4)可知，单目相机成像模型由图像坐标点(μ,ν)不能确定唯一的世界坐标点(X_W,Y_W,Z_W)。为了消除中厚板运动过程中钢板振动对其轮廓检测精度的影响，建立轮廓检测仪 L-R 视觉模型，如图 7-7 所示。

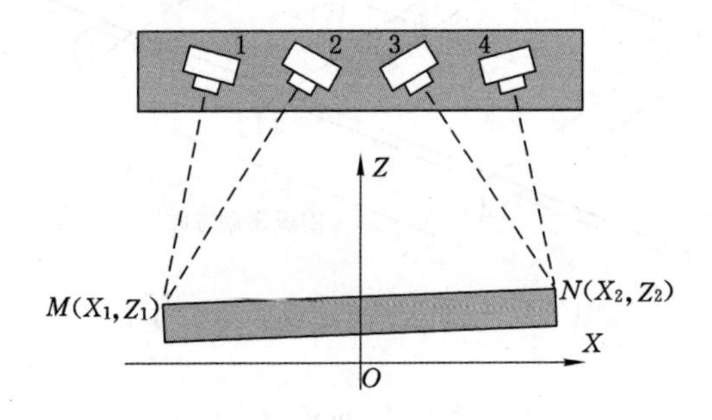

图 7-7　轮廓检测仪 L-R 视觉模型示意图

由轮廓检测仪 L-R 视觉模型可确定中厚板边缘点 M 的世界坐标系，如公式(7-5)所示。

$$\begin{aligned} &(\mu_1 m_{31}^1 - m_{11}^1)X_1 + (\mu_1 m_{32}^1 - m_{12}^1)Y_1 + (\mu_1 m_{33}^1 - m_{13}^1)Z_1 = m_{14}^1 - \mu_1 m_{34}^1 \\ &(\nu_1 m_{31}^1 - m_{21}^1)X_1 + (\nu_1 m_{32}^1 - m_{22}^1)Y_1 + (\nu_1 m_{33}^1 - m_{23}^1)Z_1 = m_{24}^1 - \nu_1 m_{34}^1 \\ &(\mu_2 m_{31}^1 - m_{11}^1)X_1 + (\mu_2 m_{32}^1 - m_{12}^1)Y_1 + (\mu_2 m_{33}^1 - m_{13}^1)Z_1 = m_{14}^1 - \mu_2 m_{34}^1 \\ &(\nu_2 m_{31}^1 - m_{21}^1)X_1 + (\nu_2 m_{32}^1 - m_{22}^1)Y_1 + (\nu_2 m_{33}^1 - m_{23}^1)Z_1 = m_{24}^1 - \nu_1 m_{34}^1 \end{aligned} \tag{7-5}$$

中厚板宽度 W 就是点 MN 间的直线距离：

$$W = \sqrt{(X_2 - X_1)^2 + (Z_2 - Z_1)^2} \tag{7-6}$$

单线阵相机在采集图像的过程中，由于其采集方法的特殊性，无法辨别钢板边缘是钢板实际边缘还是由于钢板在运动过程中发生横向位移造成的伪边缘，因此建立三线阵相机组系统对运动的钢板一侧进行拍摄并建立方程组对横向位移进行分析，具体如下所示。

设钢板上某点通过轮廓仪 A 采集的信息为(x_1,y_1)，相应地在轮廓仪 L-R 中为(x_1^1, y_1^1)，在轮廓仪 B 中为(x_1^2,y_1^2)，则其运动过程可由下式表示：

$$\begin{pmatrix} x_1^1 & y_1^1 & 1 \\ x_2^1 & y_2^1 & 1 \end{pmatrix} = \begin{pmatrix} x_1 & y_1 & 1 \\ x_2 & y_2 & 1 \end{pmatrix} \begin{bmatrix} 1 & 0 & 0 \\ 0 & 1 & 0 \\ -X & -Y & 1 \end{bmatrix} \begin{bmatrix} \cos\theta^1 & \sin\theta^1 & 0 \\ -\sin\theta^1 & \cos\theta^1 & 0 \\ 0 & 0 & 1 \end{bmatrix} \begin{bmatrix} 1 & 0 & 0 \\ 0 & 1 & 0 \\ T_X^1 & T_Y^1 & 1 \end{bmatrix} \begin{bmatrix} 1 & 0 & 0 \\ 0 & 1 & 0 \\ X & Y & 1 \end{bmatrix} \tag{7-7}$$

$$\begin{pmatrix} x_1^2 & y_1^2 & 1 \\ x_2^2 & y_2^2 & 1 \end{pmatrix} = \begin{pmatrix} x_1 & y_1 & 1 \\ x_2 & y_2 & 1 \end{pmatrix} \begin{bmatrix} 1 & 0 & 0 \\ 0 & 1 & 0 \\ -X & -Y & 1 \end{bmatrix} \begin{bmatrix} \cos\theta^2 & \sin\theta^2 & 0 \\ -\sin\theta^2 & \cos\theta^2 & 0 \\ 0 & 0 & 1 \end{bmatrix} \begin{bmatrix} 1 & 0 & 0 \\ 0 & 1 & 0 \\ T_X^2 & T_Y^2 & 1 \end{bmatrix} \begin{bmatrix} 1 & 0 & 0 \\ 0 & 1 & 0 \\ X & Y & 1 \end{bmatrix} \tag{7-8}$$

其中，(X,Y)表示旋转基点坐标；θ^1 表示轮廓仪 A 到轮廓仪 L-R 过程中钢板以点(X,Y)旋转的角度，θ^2 表示轮廓仪 A 到轮廓仪 B 过程中钢板以点(X,Y)旋转的角度，(T_X^1, T_Y^1)表示轮廓仪 A 到轮廓仪 L-R 过程中钢板的位移，(T_X^2, T_Y^2)表示轮廓仪 A 到轮廓仪 B 过程中钢板的位移。

由上述方程组求解出轮廓仪 A 到轮廓仪 L-R 过程中钢板的横向位移 T_X^1，并以此为基础对中厚板图像横向坐标点进行线性补偿：

$$t = \frac{1}{L_{L\text{-}R\text{-}A}} T_X^1 \tag{7-9}$$

其中，T_X^1 表示轮廓仪 A 到轮廓仪 L-R 过程中钢板的横向位移；$L_{\text{L-R-A}}$ 表示轮廓仪 A 到轮廓仪 L-R 的距离；l 表示中厚板通过线阵相机的距离；t 表示对其进行的位移补偿。

7.3　融合多种算法的钢板图像处理模型

中厚板的图像处理及轮廓识别是整个系统中最重要的一个环节，图像处理效果以及轮廓识别的精准程度直接关系着后续剪切线的划分，最终影响着剪切的效率及综合成材率。本项目利用相关的数字图像处理技术进行钢板轮廓的提取，为中厚板轮廓特征辨识提供了轮廓数据，并为后续的剪切线的划分提供指导。经过钢板轮廓的识别，可以精准地把握钢板轮廓，通过对钢板轮廓的数据辨识，得到钢板的各个量化特征，这可以为剪切策略的计算提供有力的数据指导。

7.3.1　基于有效滤噪算法的钢板形貌识别技术

由于热轧现场环境恶劣，摄像机拍摄条件差，现场水汽、辊道反光、除鳞残渣、粉尘等都会造成脉冲噪声干扰成像。另外，使用 CCD 摄像机获取图像，还会造成光子散弹噪声、暗域电流噪声、放大器噪声等高斯噪声，而在系统工作过程中，电子电路也会产生高斯噪声。针对热轧现场环境因素造成的脉冲噪声和电子电路自身产生的高斯噪声，分别研究在保证边缘的基础上去除这两种噪声滤波算法。具体研究内容包括：

(1) 基于局部相似度分析和邻域噪声分析的噪声滤波算法

图像中脉冲噪声点最大特点是该像素点与其周围像素点的灰度值差别较大，而图像中的边缘细节像素点也具有同样特征。本项目拟采用基于局部相似度分析和邻域噪声分析的算法进行滤波，算法整体流程如图 7-8 所示。

为避免将小的脉冲噪声误认为是信号点的错误，算法第一步需要计算局部相似度。定义坐标 c 处像素点的 N 邻域累积局部灰度差：

$$L_k(c) = \sum_{i=0}^{N} |x_k(c) - x_i(c)|, 0 \leqslant k \leqslant N \tag{7-10}$$

定义局部相似度函数：

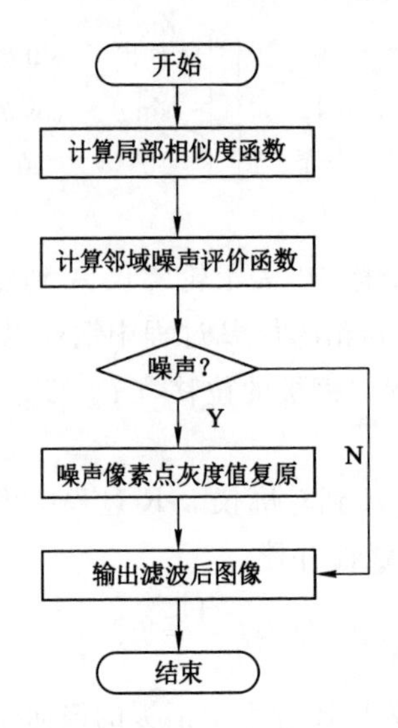

图 7-8　基于局部相似度分析和邻域噪声分析的算法流程

$$F_k(c)=\mu L_k(c) \tag{7-11}$$

式中 $\mu(x)=\begin{cases}1-\beta x, x<1/\beta \\ 0,\text{other}\end{cases}$，其中 β 是常数，$\beta=1/(255\times N)$。把公式(7-10)代入公式(7-11)中可以得到 c 处的局部相似度函数：

$$F_0(c)=\mu\left(\sum_{i=0}^{N}\|x_0(c)-x_i(c)\|_\gamma\right) \tag{7-12}$$

依据公式(7-12)，当且仅当 $F_0(c)>\Delta_1$ 时，中心点像素 c 可判定是信号点，其中 Δ_1 是临界值；当 $F_0(c)\leqslant\Delta_1$ 时，中心点 c 可能是噪声点也可能是图像边缘点，需要进行邻域评价判定。因此，通过局部相似度分析可以找到图像的噪声和边缘像素点，避免小脉冲噪声点的漏检。

将一个正方形区域分成几个同样大小的子窗口，称为邻域窗口。在上一步局部相似度分析过程中的不确定噪声点使用邻域噪声评价函数作为最终判定的标准。将被考察像素点所在的所有邻域窗口的局部相似度进行求和计算，即可得到邻域窗口脉冲噪声评价函数

$$H(c)=\sum_{\varphi(c,j)=c'}[F_k(c_k)]^2 \tag{7-13}$$

其中，$\varphi(c,j)=c'$ 表示遍历中心像素点 c 所有邻域窗口；$\{c_k,k=0,1,\cdots,N\}$ 表示邻域窗口的中心坐标。当待检测像素点 $H(c)\geqslant\Delta_2$ 时，可确定该点为图像边缘信息的信号点；当 $H(c)<\Delta_2$ 时，可确定该点为噪声点，其中 Δ_2 为临界值。

综上，本项目拟采用的脉冲噪声检测方法分为两个过程，首先通过局部相似度分析检测出所有可疑的像素点，然后通过邻域噪声评价最终进行判定脉冲噪声。当像素点被判定为脉冲噪声时，使用最大相似度原则，用该窗口内具有最大局部相似度的像素点的灰度值来替代该点的灰度值。以上研究目标是滤除图像中的脉冲噪声，并尽可能地保留图像边缘信息

(2) 基于灰度差倒数和几何距离倒数的高斯噪声滤除方法

高斯噪声是最普遍的一种噪声，呈正态分布。成像系统的各种不稳定因素往往以高斯噪声的形式表现出来。本项目拟采用灰度差倒数和几何距离倒数相结合的方式来滤除高斯

噪声。灰度差倒数滤波是一种侧重于保持轮廓边缘清晰度的非迭代局部滤波方法，基本思想是用图像上点 $F(x,y)$ 及其邻域像素的灰度加权平均值来代替该点灰度值，其结果将对灰度突变的点产生"平滑"的效果。反应两像素灰度值是否接近的权值是用两像素灰度值差值的倒数表示。两者灰度值越接近，则差值越小，权值就越大。将权值写成矩阵形式，且矩阵中各权值的位置与被加权像素位置一一对应，那么权值矩阵可写为：

$$W_s = \begin{bmatrix} S(x-1,y-1) & S(x-1,y) & S(x,y-1) \\ S(x,y-1) & S(x,y) & S(x-1,y+1) \\ S(x+1,y-1) & S(x+1,y) & S(x+1,y+1) \end{bmatrix} \tag{7-14}$$

其中，W_s 表示中心像素 (x,y) 与邻域内相邻像素间的灰度相似度，矩阵中各个元素可以通过公式(7-15)计算得出：

$$S(x+i,y+i) = \left\{1 + \left[\frac{f(x+i,y+i) - f(x,y)}{\sqrt{2}\sigma_S}\right]^2\right\}^{-1}, i,j = -1,0,1 \tag{7-15}$$

几何距离倒数滤波方法的基本思想是将距离倒数函数与受噪声污染的图像进行卷积，平滑图像中所有像素点。该方法采用邻域内各像素点与中心像素点之间的欧式距离的倒数作为权值。如同上述灰度差倒数滤波法一样，将距离倒数滤波的权值写成矩阵的形式：

$$W_L = \begin{bmatrix} L(x-1,y-1) & L(x-1,y) & L(x,y-1) \\ L(x,y-1) & L(x,y) & L(x-1,y+1) \\ L(x+1,y-1) & L(x+1,y) & L(x+1,y+1) \end{bmatrix} \tag{7-16}$$

$$L(x+i,y+i) = \left\{1 + \left(\frac{i^2+j^2)}{2\sigma_L}\right)\right\}^{-1}, i,j = -1,0,1 \tag{7-17}$$

式中，i,j 分别表示中心像素与邻域像素之间的水平距离与垂直距离。

应注意到，灰度差倒数滤波仅考虑了邻域内像素间的灰度关系，距离倒数滤波只考虑了像素间的几何位置关系。而将这两种方法组合后进行滤波，图像可表示为：

$$f(x,y) = W^{-1}\sum\sum g(x,y)W \tag{7-18}$$

其中 $W=W_S W_L$，$f(x,y)$ 是滤波后图像，$g(x,y)$ 是滤波前图像。可以看出，该方法的加权系数由位置信息和图像灰度信息的倒数的乘积构成，由 W_S 和 W_L 共同决定。这种方法的优点是在保证图像滤波效果的前提下，不需要繁杂的迭代运算，大大降低滤波过程的计算量和时间。以上研究目标是在保证边缘信息的同时对图像进行去噪处理，为保证后续边缘检测的准确性打下基础。

7.3.2 钢板图像增强技术

钢板图像转换成灰度图像后，钢板图像与其背景图像的对比度较低，不利于后续的图像分割以及图像轮廓的提取，所以需要将整张图片进行灰度等级拉伸，以提高图像中待提取区域与其他区域之间的对比度，即图像增强。常用的图像增强手段有灰度直方图均衡化、灰度拉伸等方法。

为增强图像区域之间的对比度，需要将钢板区域部分灰度值增大的同时，尽量使得图像背景区域的灰度值保持不变，所以灰度直方图均衡化操作不适用于此要求。本项目主要利用灰度直方图拉伸操作，考虑利用图像伽马变换，以 r,s 分别表示图像进行灰度拉伸操作前后的灰度值，其表达式可用式 $s=cr^\gamma$ 进行表示。

其中，c 和 γ 都为正常数，c 为限制常数，其作用主要为限制变化后的部分灰度等级超出灰度等级范围，一般取值为原图像灰度直方图中最大灰度等级的倒数。γ 为图像灰度拉伸的幂指数，对于不同的 γ 值，图像灰度拉伸会有不同的效果。如图 7-9 所示，当 $\gamma>1$ 时，图像中灰度较大的部分会经过变换分布到灰度较低的范围，而图像灰度较低部分则会进一步被压缩分布到灰度更低的范围，但变化较小；$\gamma<1$ 时，图像中灰度较低的部分会经过变换分布到灰度较高的范围，而图像灰度较低高部分则会进一步被压缩分布到灰度更高的范围。同样，压缩的范围较小；所以本项目选择大于 1 的 γ 值作为伽玛变换的参数，并将图像变换后最大的灰度值调低后进行归一化操作并将其进行伽玛变换，从而使图像前背景区域之间的灰度位于函数亮暗灰度区域之间。

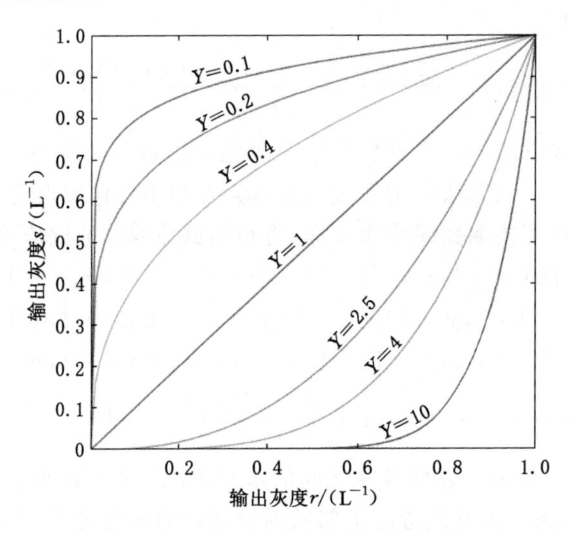

图 7-9　不同 γ 值的灰度变换曲线

7.3.3　高精度钢板图像边缘轮廓识别技术

图像去噪后，需要利用图像边缘轮廓提取算法对图像中目标区域进行轮廓提取，这是钢板图像识别系统中最重要的一步。待测目标轮廓提取得精准与否，决定了后续中厚板头尾不规则区域以及侧弯区域的测量精度，也影响着后续剪切线划分的精准程度。

灰度图像的边缘主要存在于图像灰度变化不连续或变化很剧烈的位置。根据图像边缘灰度变化的不同特点，可以将常见的灰度图像边缘分成多种不同的类型，如图 7-10 所示，有阶跃型、斜坡型以及屋顶型等。

(1) 传统边缘检测算法

在灰度图像的边缘部分中，灰度梯度对应于图像某个区域内一阶导数的最大值，则其方向的垂直方向即可看作为此部分图像的边缘位置。所以根据此原理，产生了一系列的边缘检测算子，其大致检测流程都可用图 7-11 来表示。

对于给定的图像 $f(x,y)$，其在点 (x,y) 处的导数可以表示为：

$$\nabla f(x,y)=\frac{\partial f}{\partial x}i+\frac{\partial f}{\partial y}j \tag{7-19}$$

灰度梯度的幅值 $g(x,y)$ 可以用灰度导数模的最大值表示，但是为减少计算开销，可用

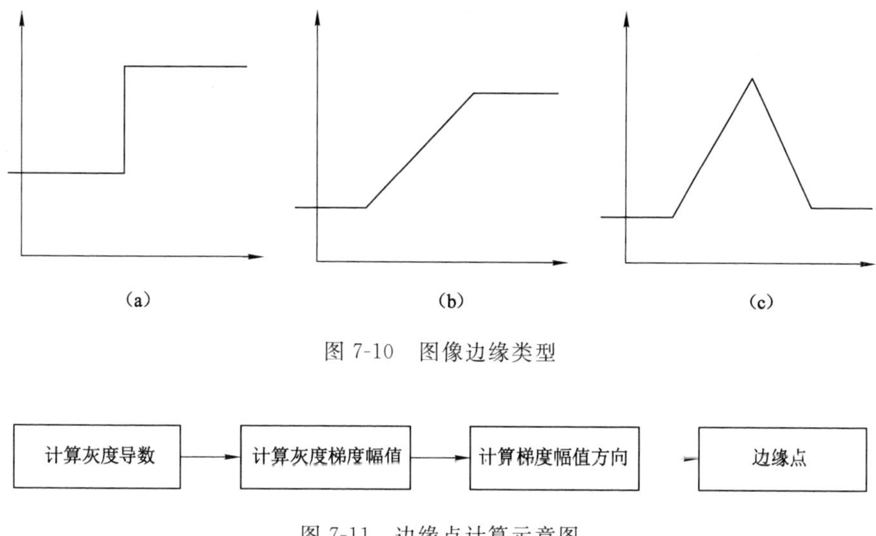

图 7-10　图像边缘类型

计算灰度导数 → 计算灰度梯度幅值 → 计算梯度幅值方向 → 边缘点

图 7-11　边缘点计算示意图

各个方向灰度梯度的绝对值的和来近似梯度幅值，之后通过设定一定的阈值来筛选出待提取的边缘点。

$$g(x,y)=\max|\nabla f(x,y)|=\max\sqrt{f_x^2(x,y)+f_y^2(x,y)} \tag{7-20}$$

$$g(x,y)\approx\max|f_x(x,y)|+|f_y(x,y)| \tag{7-21}$$

所以，灰度梯度向量的方向可以用各方向的灰度梯度幅值的比值表示：

$$\theta(x,y)=\arctan\left(\frac{f_y(x,y)}{f_x(x,y)}\right) \tag{7-22}$$

Roberts 边缘检测算子常用 2×2 的模板，具有算法简单、处理速度快的等优点，其表达式见式(7-23)，其模板如图 7-12 所示。

$$\begin{cases} g_x(x,y)=\dfrac{\partial f}{\partial x}=f(x+1,y+1)-f(x,y) \\ g_y(x,y)=\dfrac{\partial f}{\partial y}=f(x+1,y)-f(x,y+1) \end{cases} \tag{7-23}$$

0	-1
1	0

-1	0
0	1

图 7-12　Roberts 边缘检测模板

Roberts 算子将对角线的相邻像素之差近似为边缘处的梯度幅值，因此对水平和竖直方向的边缘具有较好的检测效果，对具有陡峭的低噪声具有较好的抗干扰性能。但是该算子对斜边的处理效果较差，且易产生伪边缘。

Prewitt 算子对梯度算子模板进行了扩展，使其扩大到 3×3，这样可以通过计算每个像素点上、下、左、右的灰度差并进行加权，并计算加权之后的值的最大值，将最大值位置认为是图像边缘所在位置。其梯度算子表达式见式(7-24)：

$$\begin{cases} g_x = |[f(x-1,y-1)+f(x-1,y+1)]-[f(x+1,y-1)+f(x+1,y)+f(x+1,y+1)]| \\ g_y = |[f(x-1,y+1)+f(x,y+1)]-[f(x-1,y-1)+f(x,y-1)+f(x+1,y-1)]| \end{cases} \tag{7-24}$$

Prewitt 的检测算子如图 7-13 所示，分别利用两个模板对图像进行卷积从而确定其水平和垂直方向边缘。在确定轮廓边界位置时由于其加权平均方式，因此对噪声具有一定的平滑效果，同时也可以去掉部分伪边缘，这相当于对图像进行一次低通滤波。但是，正是由于这种加权平均的方式，其定位精度并不高，产生的边缘宽度较大，通常只适用于检测精度较低的系统。

1	1	1
0	0	0
-1	-1	-1

1	0	-1
1	0	-1
1	0	-1

图 7-13　Prewitt 边缘检测模板

与 Prewitt 算子相似，Sobel 算子在确定灰度梯度幅值时，也是利用加权的方式，对图像也会产生平滑的效果。但不一样的是，Sobel 边缘检测认为待检测像素周围邻域的像素对其产生的影响是不相同的，所以与待检测像素距离不同的像素点应该具有不同的权值，一般来说邻域中的像素点距离待检测像素点越远，对待检测像素点的影响效果越小。Sobel 算子通常采用 3×3 的算子模板，其梯度算子表达式如式(7-25)所示。

$$\begin{cases} g_x = |[f(x-1,y-1)+2f(x-1,y)+f(x-1,y+1)]-[f(x+1,y-1)+2f(x+1,y)+f(x+1,y+1)]| \\ g_y = |[f(x-1,y+1)+2f(x,y+1)+f(x+1,y+1)]-[f(x-1,y-1)+2f(x,y-1)+f(x+1,y-1)]| \end{cases} \tag{7-25}$$

Sobel 边缘检测算子模板如图 7-14 表示，相对于传统的 Sobel 边缘检测算法，其应用更广。在传统 Sobel 算子模板中加入了对角线算子模板，可以使其对于斜边的检测更加精确。

-1	-2	-1
0	0	0
1	2	1

-1	0	1
-2	0	2
-1	0	1

图 7-14　Sobel 边缘检测模板

Canny 边缘检测算法是目前较为优秀的像素级别边缘提取算法，该算法对于目标探测基于三个目的：最低错误率，即尽最大可能减少伪边缘的产生；最佳边缘点的确定，即所定位的边缘点应距离真实边缘最近；单一目标边缘的提取，这表示利用 Canny 边缘检测器提取的图像边缘宽度应该只有一个像素。

Canny 算法所做的工作就是基于以上的三个条件建立数学模型，并尽可能求出最优解。由于直接进行求解十分困难，所以 Canny 算子提出首先用环形二维高斯函数平滑图像，之后计算灰度梯度来近似最佳化边缘，具体步骤如下：

(1) 首先生成一个小尺寸二维高斯滤模板对图像进行平滑操作，平滑边界的同时为下一步计算图像灰度梯度做准备。令 $f(x,y)$ 表示待提取图像，$G(x,y)$ 为二维高斯核函数，* 表示卷积，用 $f(x,y)$ 与 $G(x,y)$ 卷积生成的图像 $f_s(x,y)$ 可以表示为：

$$G(x,y)=e^{-\frac{x^2+y^2}{2\sigma^2}} \tag{7-26}$$

$$f_s(x,y)=G(x,y)*f(x,y) \tag{7-27}$$

(2) 分别求出图像各个点以及各个方向的梯度和梯度方向。

(3) 由于计算灰度梯度幅值的时候，在灰度梯度最大值的周围内可能包含更宽的边缘，因此需要利用非最大值抑制法来细化所确定的边缘。具体为沿着梯度方向寻找像素点局部最大值并比较它前后的梯度值，随后通过插值得到整数的像素坐标。

(4) 对得到的边缘点进行分割，从而减少真正边缘周围的伪边缘。由于单阈值设置得过低或者过高很可能消除不了伪边缘点或是删除真正的边缘点，所以 Canny 算法利用滞后阈值来改善这一状况，即使用高低两个阈值并设置比例，完成边缘点筛选后连接剩余边缘像素点完成边缘轮廓的提取。

图 7-15 分别为 Roberts、Prewitt、Sobel 以及 Canny 边缘提取算法后边缘提取的效果对比。首先利用预处理后得到的钢板特征区域稍作膨胀后作为 ROI(感兴趣区域)与滤波后的钢板图片进行交集运算得到钢板特征图像，之后分别利用四种边缘检测算法对该特征图像进行边缘轮廓提取。由于边缘过细，无法清晰展示，本项目采用中厚板试样轮廓同一位置的放大图像进行对比。

图 7-15 中亮点为提取轮廓时产生的多余伪边缘。可以看出，前三种轮廓提取算法均产生了大量的伪边缘，其中以 Roberts 算子抑制噪声的能力最差，产生的伪边缘最多。而 Prewitt 算子以及 Sobel 算子产生的伪边缘会少一些。主要是因为这三种算子在检测边缘时得到的边缘宽度至少为两个像素，而 Prewitt 算子和 Sobel 算子在计算梯度幅值时将考虑权重的影响，因此会消除一定的伪边缘。

Canny 边缘检测算法对于轮廓提取的结果要明显优于其他三种算子，具有较高的定位准确性，并且基本完全消除了伪边缘的干扰。但是由于其检测的高灵敏度，Canny 算子将钢板上未完全滤除的细小缺陷的轮廓也提取了出来。对系统造成了一定的干扰，需后续去除这种误差的影响。另外，由于 Canny 算法也属于像素级别的边缘提取算子，其误差相对较大，需要用更高精度的亚像素边缘提取算法来进行最后的轮廓提取。

之前讨论的都为整数像素定位精度的轮廓提取算法，虽然这些算法的理论发展较为完善，但是其定位精度已逐渐无法满足越来越高的精度需求。为了提高测量的准确率，20 世纪就有学者提出了亚像素精度的概念，使得测量的精度小于一个像素。发展至今，较为成熟的亚像素边缘检测算法主要分为三个大类：矩法、拟合法以及插值法。其中矩法和拟合法虽然计算精度较高，但是由于需要构建多阶矩和边缘拟合函数，所以计算量较大，计算时间较长。

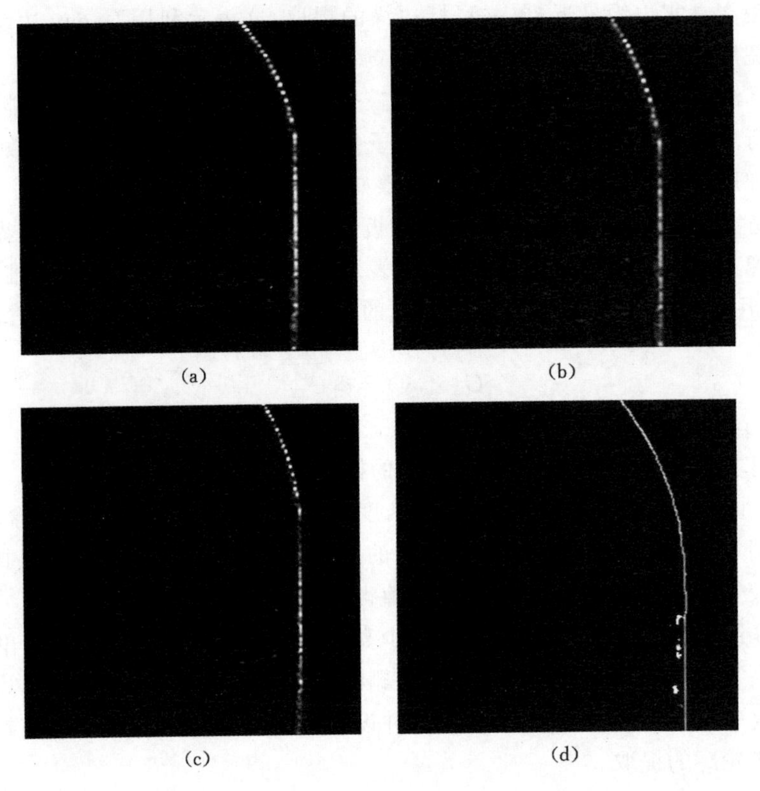

图 7-15 应用不同算子边缘检测结果比较

插值法则是对图像像素点的灰度信息进行插值操作，进行边缘信息的补充后实现亚像素边缘检测。因为计算函数简单，所以计算速度很快，适合于中厚板轮廓提取这种工业背景下的大尺寸工件在线检测，但是由于其抗干扰性能不强，所以需要搭配预处理算法计算。因此本项目提出在基于本章图像预处理算法和 Canny 边缘检测算法的基础上，利用基于灰度梯度的插值法完成图像的亚像素边缘轮廓提取，形成一套完整的中厚板轮廓提取算法，使得整套算法既具有较快的处理速度，满足在线实时测量的需求，又可以使算法具有较高的抗干扰性能，拥有较高的测量精度。

若不考虑镜头等因素对成像的影响，一维图像的边缘可看作为理想边缘，即边缘灰度分布可以看成一个经典的阶跃函数：

$$f(x)=\begin{cases}h & x\leqslant t\\ h+k & x>t\end{cases} \tag{7-28}$$

其中，f 为 x 处的图像的灰度值；h 为图像背景灰度；k 为图像中待提取边缘灰度与背景灰度之间的差值；t 表示边缘的位置。但是在实际拍摄过程中，会由于镜头、光照、传输等原因会使得图像边缘的灰度函数发生模糊，使其不符合理想阶跃边缘特征，如图 7-16 所示。

若以图 7-16(b)所示为图像实际边缘的情况，则在图像边缘处沿其灰度梯度幅度方向的灰度值函数可导，其导数图像如图 7-17 所示。

所以基于真实边缘模型图像的边缘应存在于图像灰度导数的最大值点。但是该点的位置很有可能不是整数像素点，所以首先在整数边缘点(i,j)前后沿着 x 方向按一定步长 ω

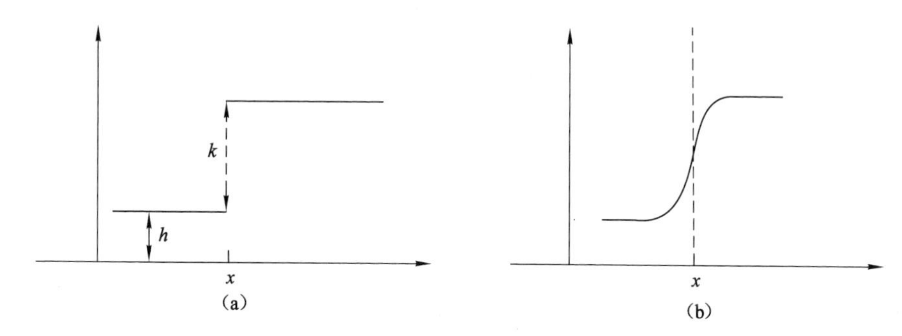

图 7-16　理想边缘模型与实际边缘模型

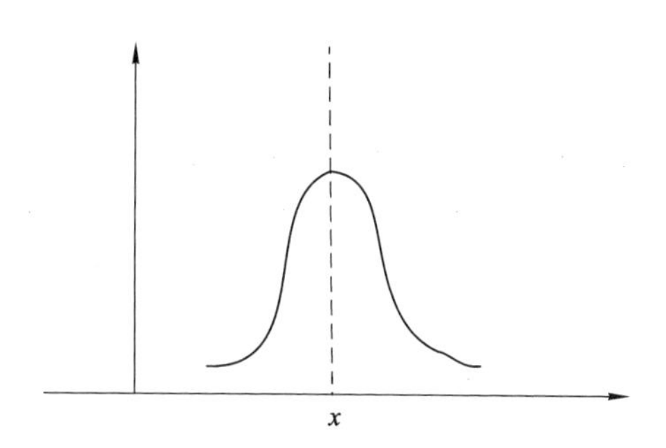

图 7-17　实际边缘模型灰度导数

取两个整数点$(i-\omega,j)$和$(i+\omega,j)$，则三个像素点的梯度幅值分别为$G(i-1,j)$，$G(i,j)$，$G(i+1,j)$。

由于本项目所用算法是建立在图像预处理后的 Canny 算法准确粗定位后得到的，在合理步长的情况下，$G(i,j)$的值应介于$G(i-1,j)$与$G(i+1,j)$之间。而基于插值的图像亚像素边缘轮廓提取原理就是通过这三点形成一条二次曲线，用以表示实际边缘的灰度导数，其函数可用式(7-29)表示。

$$p(x)=ax^2+b_x+c \tag{7-29}$$

其中，a，b，c 分别为待定系数，只考虑 x 坐标的变化将三个点的横坐标于梯度幅值代入上式可得三个方程组。

$$\begin{cases} G(i,j)=ai^2+bi+c \\ G(i-1,j)=a(i-\omega)^2+b(i-\omega)+c \\ G(i+i,j)=a(i+\omega)^2+b(i+\omega)+c \end{cases} \tag{7-30}$$

解方程组得：

$$\begin{cases} a=\dfrac{\omega G(i-1,j)+2\omega G(i,j)-\omega G(i+1,j)}{2\omega^3} \\ b=\dfrac{(i^2-(i+\omega)^2G(i-,j)+((i+\omega)^2-(i-\omega)^2)G(i,j)+((i-\omega)^2-i^2)G(i+1,j)}{2\omega^3} \\ c=\dfrac{\omega i(i+\omega)G(i-1,j)-2\omega(i-\omega)(i+\omega)G(i,j)+\omega(i-\omega)iG(i+1,j)}{2\omega^3} \end{cases}$$

(7-31)

求得参数后，代入式(7-29)，得该函数极值点为：

$$p_i = -\frac{b}{2a} \tag{7-32}$$

此为该亚像素边缘点的横坐标。同理在该边缘像素点沿 y 轴分别取两个整像素点并通过插值法可求得该亚像素边缘点的纵坐标 p_j。所以，点(p_i，p_j)为图像的一个亚像素边缘位置点，求得所有边缘位置亚像素点及其坐标后连接各点可得到图像的亚像素轮廓。

7.3.4 基于深度学习的钢板图像分割技术

考虑到实际生产现场的环境复杂，钢板温度、光源强度等一些条件都不是固定不变的，这就使得已经确定好的图像处理算法在新的环境下鲁棒性不好；检测算子涉及很多阈值参数的确定，在此复杂的生产环境下，同一阈值的算法很难保证最终钢板轮廓检测的准确性；钢板表面会存在着许多缺陷区域，且该区域形状不规则、位置不确定，这些干扰区域在轮廓识别过程中会产生干扰边缘从而降低了特征提取的有效性。因此采用深度学习算法对图像进行分割，以此步骤与传统图像分割步骤做并行处理，进而提高系统图像识别的准确性和稳定性。

中厚板分割是其轮廓识别的基础，将采集的原始实验钢板图像制作成实验数据集，并以此为基础训练深度学习模型，使其学习原始图像的低层语义信息和高层语义信息，对钢板原始图像进行分割；同时，为了提高分割的精度和速度，对原有的深度学习模型进行了针对性的设计和优化，从而得到高精度的钢板分割图像，并使模型达到优秀的稳定性。

7.3.4.1 U-Net 网络模型

U-Net 网络是全卷积神经网络的一种，可以输入任意大小的图片，以端对端的学习网络权重完成训练，但是对于本实验数据集此网络仍具有一些不足。本项目利用深度可分离卷积替代传统卷积，并在每组卷积之间引入批量标准化减少网络协变量偏移来增加网络训练，同时，在解码器部分采用双线性插值的方法替代转置卷积进行上采样。

该网络如图 7-18 所示共有 18 个基本模块，和 19 个卷积层，在编码器部分，随着网络的加深，图像的分辨率不断降低，特征通道数不断增加，使得模型学习到更高级的语义信息；在解码器部分，不断地运用双线性插值进行上采样，图像的特征通道数不断减少，并选择编码器中对应的特征通道进行融合，使得图像的分辨率慢慢恢复；在最后一层，利用 1×1 的卷积核进行卷积运算，得到网络输出。

7.3.4.2 模型训练

语义分割模型训练的目的是让模型能够拟合所提供的数据集，即输入图像经模型处理后，输出其预测标签。改进的 U-Net 网络的输出是 $K\times L\times B$，其特征尺寸与原始图像尺寸相同，其中 L 和 B 分别代表预测标签的高度和宽度，K 代表输出类别总数，本项目 $K=2$。模型在最后一层卷积后得到的输出在数值范围上是固定的，且通过 softmax 函数对输出结果进行归一化，可生成(0,1)范围内的实值向量，该向量表示每种输出类别的分类概率。式(7-33)表示了在给定样本的情况下 softmax 函数预测第 i 类的概率：

$$y_i = \frac{e^{x_i}}{\sum_{k=1}^{k} e^{x_k}} \tag{7-33}$$

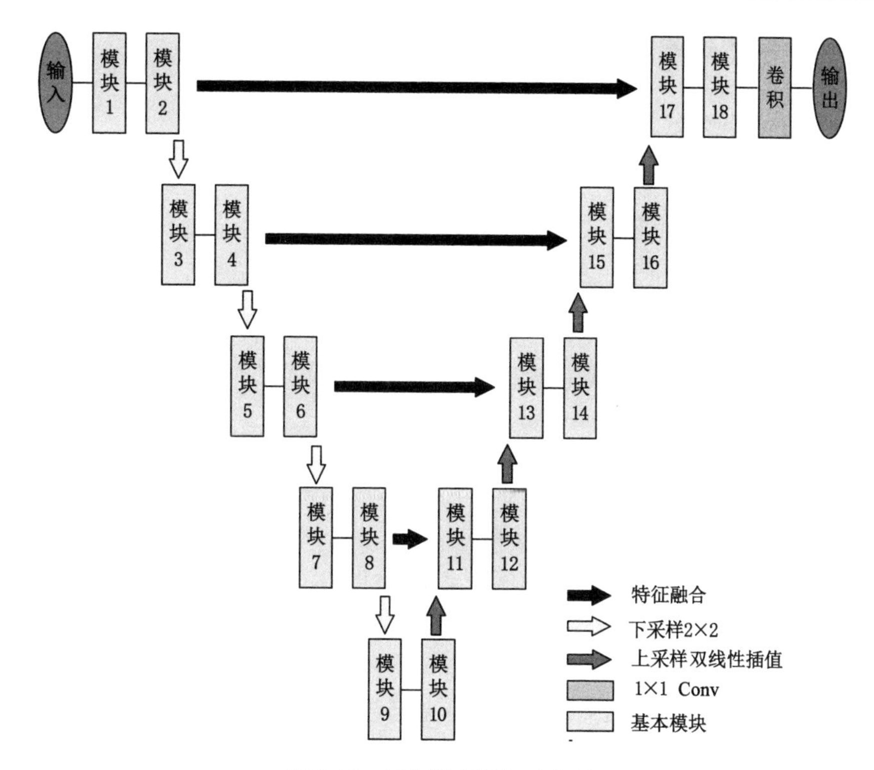

图7-18　网络模型框架示意图

式中　x_i——该像素位置模型的输出值；

y_i——对应的预测概率值。

应用softmax函数后，标签与预测标签之间的比较结果将用于计算交叉熵损失。交叉熵函数的公式为式(7-34)：

$$L(f_\omega(X),Y)=-\frac{1}{N}\sum_{i=1}^{N}y_i\log f_\omega(x_i) \tag{7-34}$$

式中　X——输入数据；

Y——标签数据；

f_ω——参数为ω的模型；

L——损失函数；

N——实例总数；

y——预测的类别；

x——标签的类别。

然后，通过链式法则求得每一个参数的梯度值，在此之后，根据梯度对模型中的参数实现更新，以获得使模型达到损失最小的参数。参数更新采用自适应学习率的RMSprop方法，其优化策略如下：

首先，从训练集中无放回随机抽取小批量m个小样本$\{x^{(1)},\cdots,x^{(m)}\}$与对应输出类别$\{y^{(1)},\cdots,y^{(m)}\}$，计算其梯度：

$$g=\frac{1}{m}\nabla_\omega\sum_i L(f(x^{(i)}:\omega),y^{(i)}) \tag{7-35}$$

然后,计算其累积平方梯度:

$$\tau=\rho\tau+(1-\rho)g\odot g \tag{7-36}$$

最后,实现参数更新:

$$\nabla_{\omega}=-\frac{\varepsilon}{\sqrt{\delta+\tau}}\odot g \tag{7-37}$$

$$\omega=\omega+\Delta\omega \tag{7-38}$$

通常情况,在训练模型的过程中,会将实验数据集按照一定的比例进行划分,分别作为训练集和验证集,其中验证集是不参与模型训练的,在每次迭代后用验证集对训练后的模型进行验证,观察模型在训练集和验证集上的表现来分析模型的训练情况。

7.3.4.3　模型分析

(1) 模型训练与验证

模型训练是机器学习的重要一步,使模型在训练过程中挖掘数据之间的关系,并使模型学习数据的特征且能对其进行预测训练模型时,将实验数据集按照 9∶1 的比例划分为训练集和测试集,损失函数采用二元交叉熵损失函数 BCEWithLogitsLoss,优化器采用自适应学习率的 RMSprop 方法,设置每轮样本数(batch_size)为 10,初始学习率为 0.01,随着迭代次数的增加,模型学习率不断减小,衰减率为 10^{-8}。

在模型训练过程中,模型损失(loss)是损失函数对测试集图像真实结果和模型预测结果的计算值。loss 代表了模型对同一输入图像预测结果与真实标注结果之间的误差,可以非常直观地观察模型训练过程的收敛情况。相似性系数(DSC)用于计算两个样本的相似度,其公式见式(7-39),值的范围在 0~1 之间,两个样本相似度最高则为 1,最差则为 0。

$$DSC=\frac{2TP}{2TP+FP+FN} \tag{7-39}$$

式中　DSC——相似性系数;

TP——分类正确的正样本;

FP——分类错误的正样本;

FN——分类错误的负样本。

本实验将实验数据集钢板图像和标注图像按照 9∶1 的比例划分为训练集和测试集,其中随机划分 294 组图像作为实验测试集。在模型训练过程中,模型每迭代一轮样本数(batch_size)便在测试集上对模型精度进行测试,并保存模型损失(loss)和相似性系数(DSC)。从图 7-19 中可以看出随着模型迭代次数的增加,模型损失(loss)在训练初期比较振荡,不断地迭代后趋于稳定,在迭代 20 000 轮后趋于稳定,在 0.05 以下。在此过程中,相似性系数(DSC)平稳增加并趋于稳定,并且进一步的迭代并没有显著提高 DSC。在迭代了第 5 000 轮样本数后,模型的 DSC 为 99.43%,在模型稳定阶段选取最终模型并对其进行分析。

(2) 与传统机器视觉算法的对比

在确定最终模型之后,将最终模型参数嵌入轮廓识别系统中,只需要图像采集模块从辊道上获取中厚板图像,并将其作为输入图像输入最终模型,而无需对输入图像做任何的预处理操作,最终模型即可得到不同中厚板的轮廓分割图像。如图 7-20 所示,是实验钢板在辊道上运行时图像采集平台采集的钢板边部图像,两张图片的对比度具有较大差异。钢板 1 整体灰度在 100~250 之间,且钢板边缘灰度与背景灰度存在较大幅值的阶跃,说明此处存

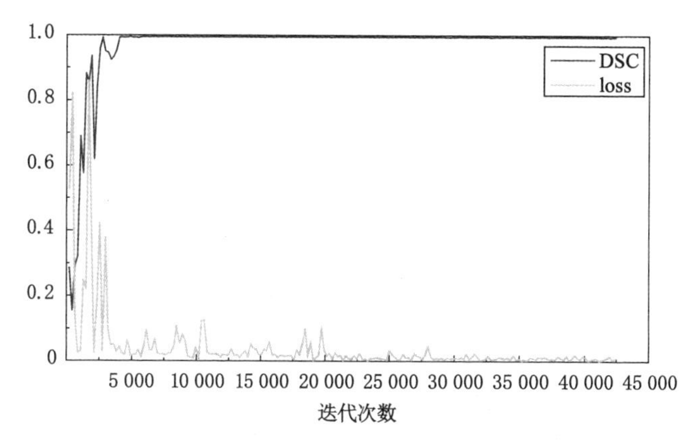

图 7-19　模型损失和相似性系数曲线

在较大的梯度，表明图像对比度较好；钢板 2 灰度范围跨越较大，右边缘灰度与背景灰度存在阶跃，但是左边缘灰度与背景灰度无较大差异，表明图像对比度较差。传统的机器视觉阈值分割结果如图 7-20(e)、(f)所示，从图中可以看出，在不同钢板图像对比度差异较大时，采用同一阈值分割算法进行分割会对分割结果产生较大影响，此时若要提高钢板分割精度，须对阈值进行重新设定并对比分析结果，在实时应用过程中，会花费大量精力和时间；本项目深度学习模型分割结果如图 7-20(g)、(h)所示，表明此模型可以适应环境变化引起的图像对比度变化，无须调整模型参数便可对其进行分割，具有良好的鲁棒性。

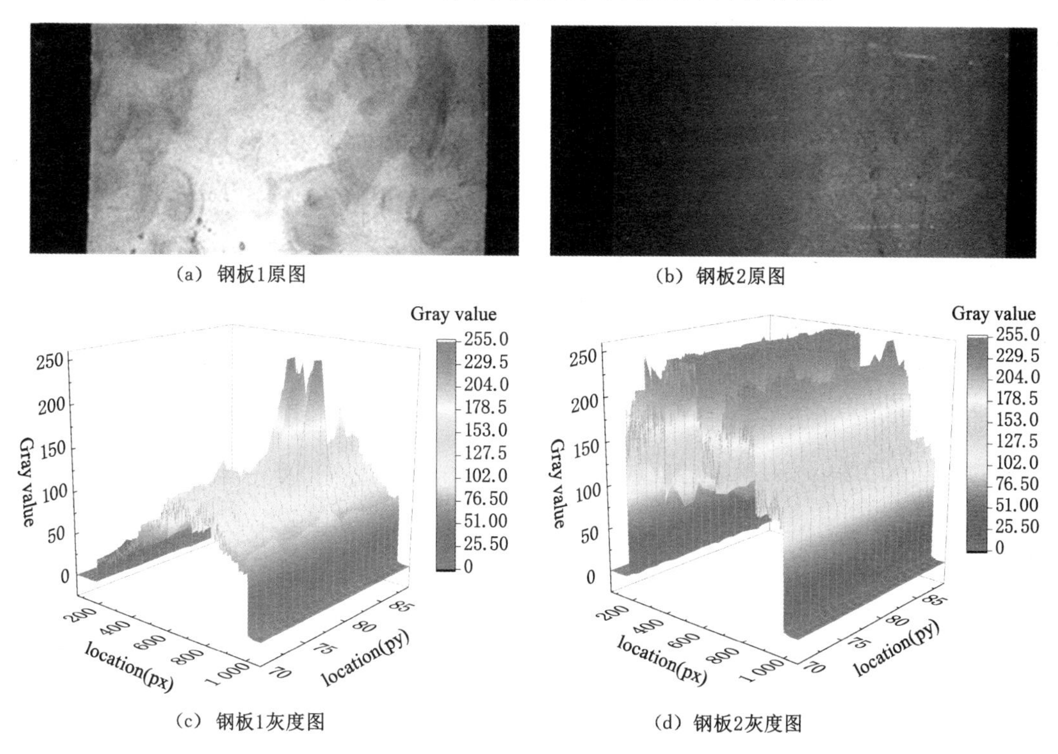

图 7-20　与传统机器视觉算法对比

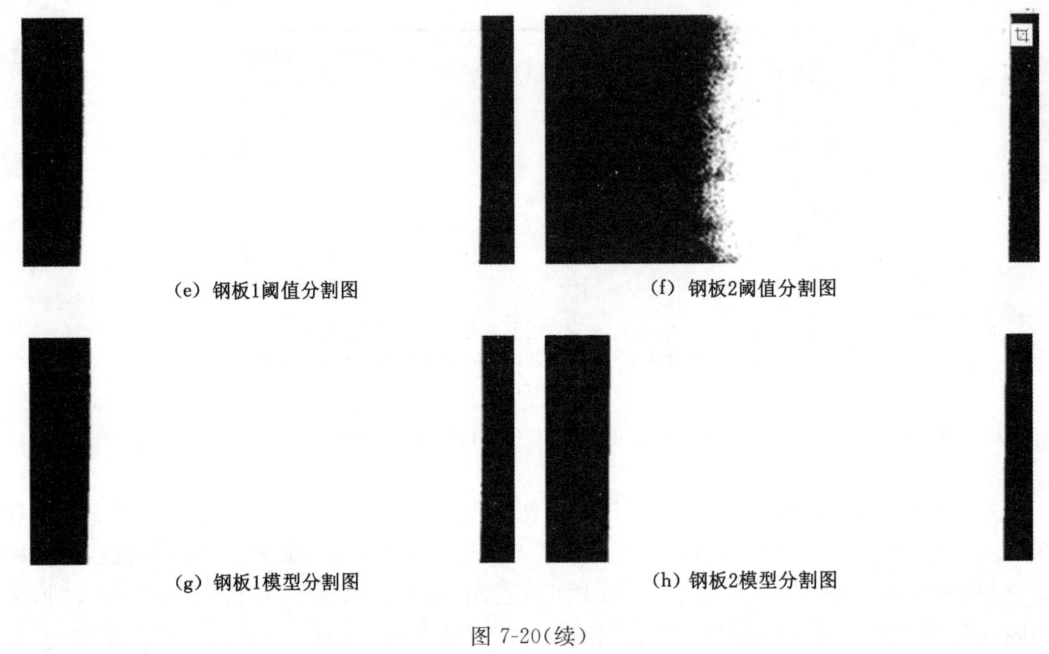

(e) 钢板1阈值分割图　　(f) 钢板2阈值分割图

(g) 钢板1模型分割图　　(h) 钢板2模型分割图

图 7-20(续)

7.4 多种钢板轮廓形状辨识方法

7.4.1 基于 RANSAC 和贝塞尔曲线模型的边缘提取算法研究

在经过一些传统边缘检测之后,钢板的边缘轮廓基本被提取出来,但由于外部环境的不确定性,钢板边缘偶尔会不可避免地出现“断线”和“毛刺”,这严重地影响了后续钢板边缘的特征选择,降低识别精度,因此,本项目拟采用贝塞尔曲线模型,通过调整曲线控制点进行钢板边缘的拟合,以修补部分因外部环境造成的钢板边缘破损与缺失,从而增强钢板边缘信息,实现尽可能准确地提取钢板边缘信息。

一个 n 阶贝塞尔曲线由 $n+1$ 个点来确定,其可用式(7-40)来定义。

$$p(t)=\sum_{i=0}^{n}P_iB_{i,n}(t)\quad t\in[0,1] \tag{7-40}$$

式中,$P_i(i=0,1,2,\cdots,n)$代表各顶点的位置向量,$B_{i,n}(t)$代表伯恩斯坦基函数,其表达式见式(7-41)。

$$B_{i,n}(t)=\frac{n!}{i!\ (n-1)!}t^i(1-t)^{n-i} \tag{7-41}$$

考虑到现场环境中钢板侧弯形状的复杂程度,三阶贝塞尔曲线已足够用来描述全部侧弯的形状(包括直线形、抛物线形、“M”形或者“S”形),所以选择三阶贝塞尔曲线模型来进行钢板侧弯边缘的拟合,其数学模型可用式(7-42)来表示。

$$\begin{aligned}p(t)&=\sum_{i=0}^{3}\frac{3!}{i!\ (3-1)!}t^i(1-t)^{3-i}P_i\\&=(1-t)^3P_0+3(1-t)^2tP_1+3(1-t)t^2P_2+t^3P_3\quad t\in[0,1]\end{aligned} \tag{7-42}$$

在确定钢板边缘的曲线模型之后，需要估计与模型匹配的最佳参数，由于传统的最小二乘算法基于使所有的数据点的误差平方和最小的原则，这样就很容易受到噪声点的干扰从而降低精度，因此我们拟利用鲁棒性较强的随机采样一致性算法(RANSAC，random sample consensus)。RANSAC算法是由Fischler和Bolles提出的一种迭代算法，它通常将样本数据划分为来自误差噪声或者错误数据的不符合模型参数的“离群点”以及仅含有一组能正确估计出模型最佳参数匹配的“有效点”，通过从样本数据中随机抽取部分数据作为假设的有效点并进行相应模型参数的计算，然后利用计算出的模型检验剩余的样本数据，若样本数据点与模型的距离小于提前设定的阈值，则将该样本数据点判定为有效点，并归入有效点集，重复以上采样和判定步骤，直到迭代次数达到上限或者有效点集中的点达到一定数量时，将有效点集按照一定的方法重新计算模型。RANSAC算法只通过有效数据点进行模型参数的计算，因此避免了最小二乘法受异常点对参数计算的影响的缺点，且模型的精度随着迭代次数的增加而增加，能够满足系统要求。

中厚板轧制成型后往往不是标准的矩形，需要经过剪切精整的工序才能达到订单的要求。但由于无法得到成型后钢板的轮廓信息，传统剪切线的划分主要依靠操作工人的主观判断。经过钢板轮廓的识别，可以精准地把握钢板轮廓，通过对钢板轮廓的数据辨识，得到钢板的各个量化特征，可以为剪切线的划分提供有力的数据指导。

7.4.2　图像轮廓仿射变换

由于钢板在辊道中运行位置并不是始终与辊道平行的，有可能由于打滑使得试样与辊道形成一定的夹角，如图7-21所示。这种钢板的倾斜虽然不会影响到钢板图像边缘的提取，但是会对后续钢板特征辨识与剪切线的划分产生一些影响。假设对钢板某一特征量进行测量时，如钢板实际长度为L，倾斜角度为θ，倾斜状态下对钢板长度的测量就会产生$L(1-\cos\theta)$的误差，所以基于钢板完全水平的测量很有必要。

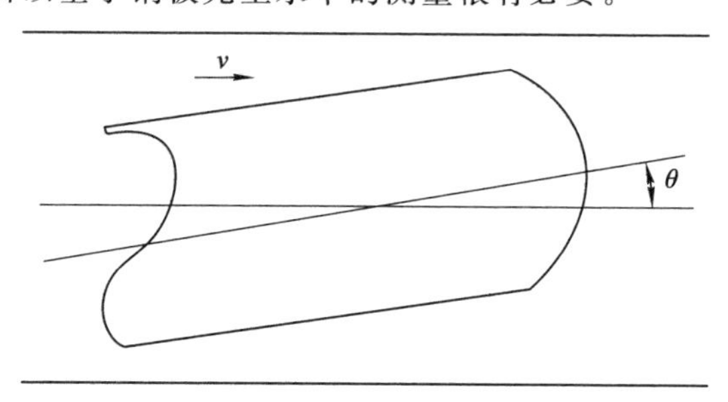

图7-21　钢板倾斜示意图

由于在实际生产中，在剪切设备工作前会有钢板推平操作，所以本项目基于钢板推平操作设计了一套图像仿射变换的流程，可以使后续对于钢板特征的测量是基于钢板完全水平的基础上，从而使得剪切线的划分更加准确。

图像的仿射变换主要包括图像的平移、缩放、旋转等，本项目主要利用仿射变换实现图像的旋转操作。可用式(7-43)表示。

$$\begin{bmatrix} u_1 \\ \nu_1 \\ 1 \end{bmatrix} = \begin{bmatrix} \cos\theta & -\sin\theta & 0 \\ -\sin\theta & \cos\theta & 0 \\ 0 & 0 & 1 \end{bmatrix} \begin{bmatrix} u \\ \nu \\ 1 \end{bmatrix} \tag{7-43}$$

式中，(u,ν)和(u_1,ν_1)分别为钢板区域中的点进行仿射变换前后的像素坐标；θ为所测得的钢板倾斜角度。钢板倾斜角度主要是利用其外接最小矩形测定的，具体测定步骤如图 7-22 所示。

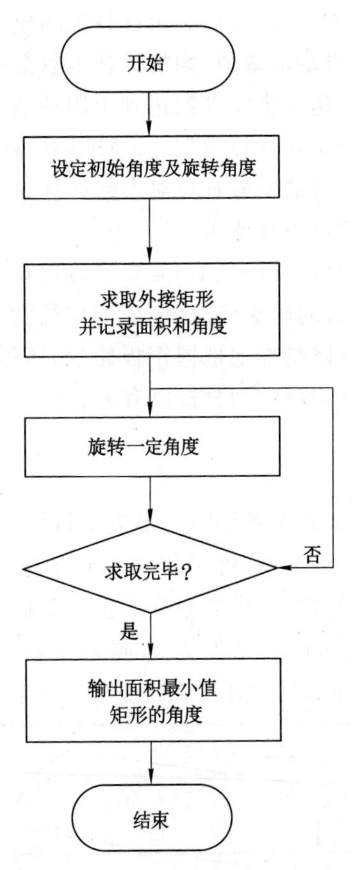

图 7-22　钢板倾斜角度的测量

7.4.3　基于扫描线的钢板边缘轮廓特征辨识

钢板轮廓经过仿射变换后可认为其长度方向与辊道的方向平行，此时可以进行钢板轮廓特征的测量并进行量化表示。本项目提出一种扫描线的方式进行中厚板轮廓特征测量，具体测量步骤如下所示。

首先，得到水平的钢板整体轮廓后在钢板轮廓图像一侧生成一条可以运动的扫描线，扫描线与钢板长度方向垂直。生成后扫描线从钢板一端等距离运动到另一端，每次移动的距离为 0.5 个像素。

然后，当扫描线与钢板头部轮廓产生交点时，由上到下开始记录交点坐标及交点数目；当扫描线与钢板尾部轮廓不产生交点时，结束记录。整个扫描过程结束后会得到钢板整体轮廓的坐标以及钢板的总体长度。

最后，根据钢板轮廓坐标对钢板轮廓特征进行辨识。根据得到的像素尺寸，结合摄像机标定后计算得到的单个像素的物理尺寸，就可以计算得到钢板特征区域的实际物理尺寸。

（1）钢板头尾部不规则区域测量

根据钢板头尾部不规则部分的特点，本项目将其主要分为两大部分：双交点头尾部和多交点头尾部。

对于双交点头尾部，其特点为扫描线（$A_0B_0|A_iB_i|A_mB_m$）与该部分交点和与钢板主体部分一样只有两个交点，对于该部分可用钢板宽度变化来确定，即利用每次扫描线运动时与钢板轮廓的交点的坐标，计算同一条扫描线与钢板轮廓的两个交点的距离，即为钢板的像素宽度。可利用钢板宽度连续多个像素发生变化即来判断扫描结束位置，并获得确切的剪切位置（本项目设定为钢板试样轮廓连续200个像素发生变化），如图7-23所示。

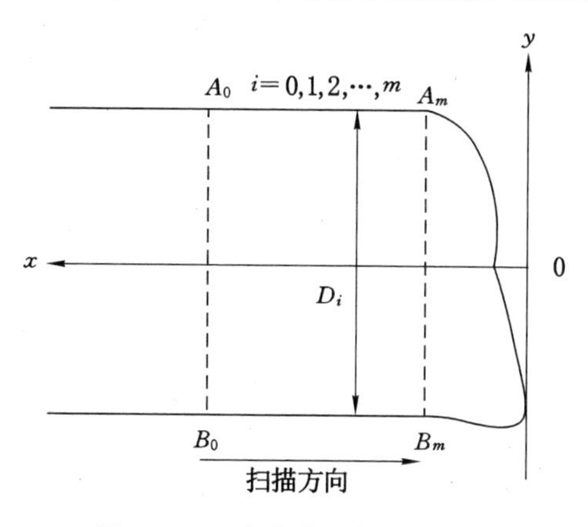

图7-23　双交点头尾部长度测量

对于多交点类型头尾部，其特点为扫描线（$A_0B_0|A_jB_j|A_nB_n$）与其轮廓部分产生多个交点，对于该部分可以利用交点坐标的个数来判定，当交点个数大于三个且钢板的像素宽度无明显变化时，扫描停止，获得剪切位置，如图7-24所示。

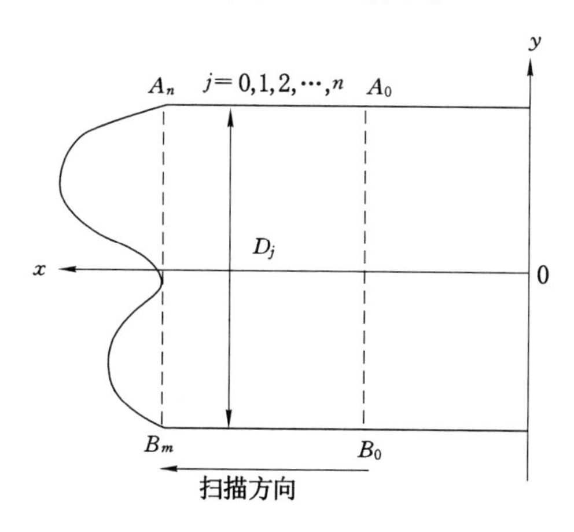

图7-24　多交点头尾部长度测量

在实际生产中，有可能出现两种特征出现在钢板同一端的情况，对于这种情况可将两种检测方式进行组合检测。

(2) 钢板侧弯量的测量

在扫描去除头尾部分坐标后，需要利用钢板主体部分的坐标进行侧弯的测量。对于钢板的侧弯表示方法有多种，基于本项目扫描线的测量方式，采用钢板弯曲量来进行侧弯量的表示，利用每次扫描时交点坐标计算其中点坐标，将钢板主体部分头尾中点坐标连接为直线，计算每个中点与这条直线的纵坐标距离，并根据距离的局部极值进行侧弯量表示，常见的不同类型侧弯钢板的表示如图 7-25 所示。对于本项目所采用的 C 形侧弯试样，采用距离的最大值进行判断。同时，也可采用时间和空间复杂度最小的最小二乘法对中线进行圆拟合以计算钢板中心线曲率半径。最小二乘圆拟合算法的基本思路是利用一段圆弧来描述钢板中线，即找到一个圆使得钢板中线上的亚像素坐标点基本都在这个圆上，圆的半径为钢板侧弯弯曲的半径，圆的曲率为钢板侧弯弯曲的曲率 ρ，其是通过适量的样本点的残差平方和最小化来实现的，如图 7-26 所示。

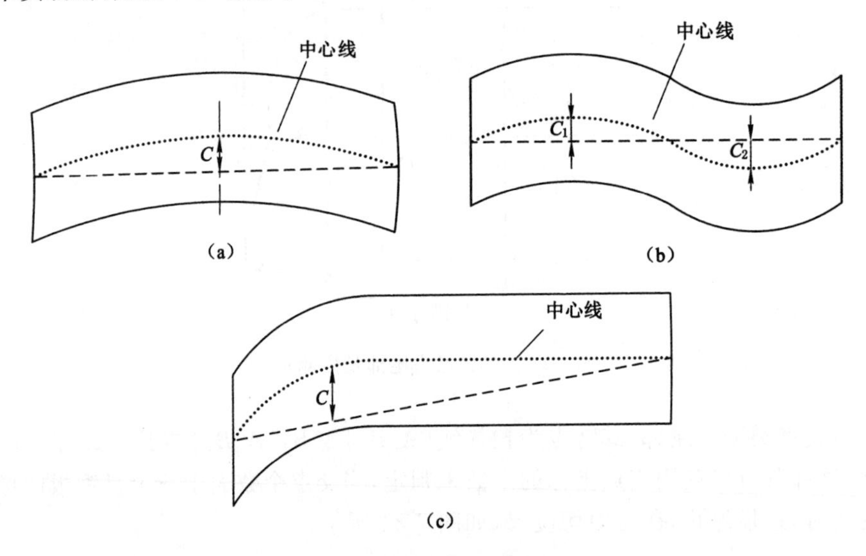

图 7-25　钢板侧弯量的测量

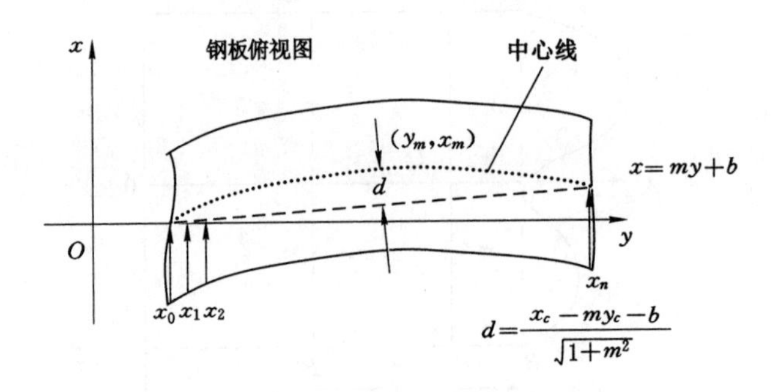

图 7-26　钢板侧弯量的测量

使用分段描述侧弯量方法进行精确识别，即每隔距离 N 计算一次钢板中心线的侧弯量，N 依据不同现场灵活调整，以达到增加计算鲁棒性且方便粗分策略优化的目的，其中 d

为钢板中心线的中点到分段钢板头尾中点连线的距离。

7.4.4　线阵相机标定及畸变矫正

线阵相机标定基本流程如图 7-27 所示，线阵相机对被测的标定板进行连续成像，利用计算机视觉算法对标定图像中的所有特征点进行定位求解其坐标，并对世界坐标系中的标定板特征点进行赋值。利用足够多的世界坐标特征点和其对应的图像像素特征点，通过求解非线性方程建立这两个坐标系的对应关系，求解出相机内外参数，并通过计算对应点之间的重投影误差对相机标定精度进行分析。

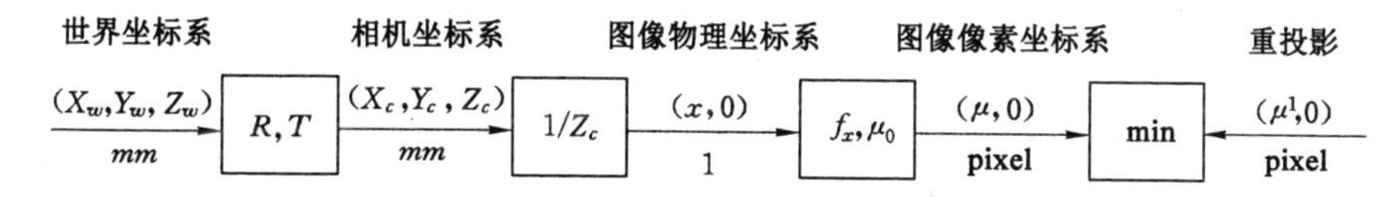

图 7-27　线阵相机标定基本流程

中厚板轮廓识别系统是针对中厚板边缘检测，相机搭载在传输辊道上方，且固定不动，被检测钢板沿着辊道以一定速度通过相机视野产生二维图像。通过对线阵相机静态成像方法和动态扫描成像方法的研究和分析，本项目采用动态扫描成像方法中的 Drareni 标定方法对检测系统进行线阵相机标定。

Drareni 标定方法是一种态扫描成像方法，该方法利用精密仪器控制线阵相机沿 Y_c 轴作匀速运动，标定板保持静止不动，通过线阵相机匀速扫描连续成像，其动态扫描成像原理如下图 7-28 所示。

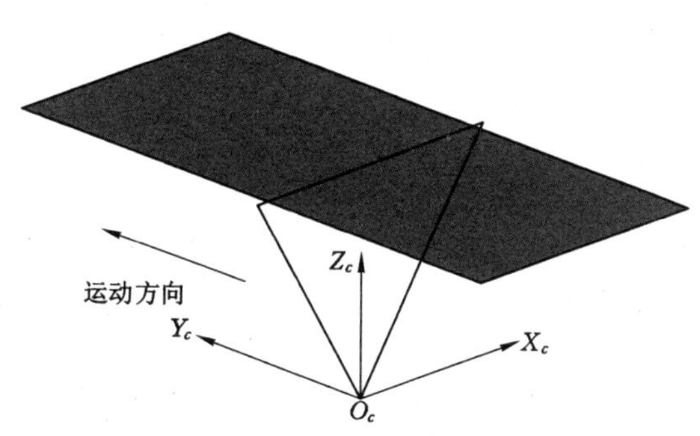

图 7-28　Drareni 动态扫描成像示意图

假设线阵相机与标定板之间的相对速度常数 s 恒定，且该常数只与线阵相机和标定板之间的相对速度有关。线阵相机通过连续成像将 1D 图像堆叠成 2D 图像，因此建立相对速度常数与 ν 方向像元之间的关系见式(7-44)：

$$\nu = sY_c \tag{7-44}$$

式中　ν——像元坐标，pixel；

　　s——相对速度常数，pixel/mm；

　　Y_c——相机坐标系 Y 轴坐标，mm。

μ 方向像元与 X_c 的关系与面阵相机的成像原理相同，即式(7-45)：

$$\frac{Z_c}{X_c}=\frac{f_x}{\mu-\mu_0} \tag{7-45}$$

式中　Z_c,X_c——相机坐标系 Z 轴和 X 坐标,mm;

f_x——相机成像的 x 方向焦距,mm;

μ——像元坐标,pixel;

μ_0——图像主点在图像像素坐标系内的坐标,pixel。

因此根据上述分析建立线阵相机的相机坐标系与图像像素坐标系的变换关系,其变换矩阵可表示为式(7-46):

$$Z_c\begin{bmatrix}\mu\\ \nu\\ 1\end{bmatrix}=\begin{bmatrix}f_x & 0 & \mu_0 & 0\\ 0 & s & 0 & 0\\ 0 & 0 & 1 & 0\end{bmatrix}\begin{bmatrix}X_c\\ Y_cZ_c\\ Z_c\\ 1\end{bmatrix} \tag{7-46}$$

由于 Drareni 标定方法采用 2D 平面标定板,所有世界坐标系的特征点在一个平面内,即假定世界坐标系 Z_w。因此,相机坐标系与世界坐标系之间的变换关系可表示为式(7-47):

$$\begin{bmatrix}X_c\\ Y_c\\ Z_c\\ 1\end{bmatrix}=\begin{bmatrix}R & T\\ 0^{\mathrm{T}} & 1\end{bmatrix}=\begin{bmatrix}r_{11} & r_{12} & r_{13} & t_x\\ r_{21} & r_{22} & r_{23} & t_y\\ r_{31} & r_{32} & r_{33} & t_z\\ 0 & 0 & 0 & 1\end{bmatrix}\begin{bmatrix}X_w\\ Y_w\\ 0\\ 1\end{bmatrix}=\begin{bmatrix}r_{11}X_w+r_{12}Y_w+t_x\\ r_{21}X_w+r_{22}Y_w+t_y\\ r_{31}X_w+r_{32}Y_w+t_z\\ 1\end{bmatrix} \tag{7-47}$$

式中　$[X_c \quad Y_c \quad Z_c \quad 1]^{\mathrm{T}}$——被测物体在相机坐标系内的坐标,mm;

$\boldsymbol{R}$——3×3 的正交单位矩阵;

$\boldsymbol{T}$——3×1 的平移向量,mm;

$\boldsymbol{0}^{\mathrm{T}}$——3×1 的零向量;

$[X_w \quad Y_w \quad 0 \quad 1]^{\mathrm{T}}$——被测物体在世界坐标系内的坐标,mm。

将上述的相机坐标系和图像像素坐标系的模型与相机坐标系和世界坐标系的模型进行联立建模。因此,Drareni 标定方法中图像像素坐标系与世界坐标系的转换关系如式(7-48):

$$Z_c\begin{bmatrix}\mu\\ \nu\\ 1\end{bmatrix}=\begin{bmatrix}f_x & 0 & \mu_0\\ 0 & s & 0\\ 0 & 0 & 1\end{bmatrix}\begin{bmatrix}r_{11} & r_{12} & t_x & 0 & 0 & 0\\ r_{21}t_z+r_{31}t_y & r_{22}t_z+r_{32}t_y & t_yt_z & r_{21}r_{31} & r_{22}r_{32} & r_{21}r_{32}+r_{22}r_{31}\\ r_{31} & r_{32} & t_z & 0 & 0 & 0\end{bmatrix}\begin{bmatrix}X_w\\ Y_w\\ 1\\ X_w^2\\ Y_w^2\\ X_wY_w\end{bmatrix} \tag{7-48}$$

整理得式(7-49):

$$\begin{bmatrix} \mu \\ \nu \\ 1 \end{bmatrix} = \boldsymbol{H} \cdot \begin{bmatrix} X_w \\ Y_w \\ 1 \\ X_w^2 \\ Y_w^2 \\ X_w Y_w \end{bmatrix} \tag{7-49}$$

式中　$\begin{bmatrix} \mu \\ \nu \\ 1 \end{bmatrix}^{\mathrm{T}}$——被测物体在图像像素坐标系内的坐标，pixel；

$\boldsymbol{H}$——6×3 的坐标变换矩阵；

$[X_w \quad Y_w \quad 1 \quad X_w^2 \quad Y_w^2 \quad X_w Y_w]^{\mathrm{T}}$——被测物体在世界坐标系内升维的坐标，mm。

对式(7-49)同时左乘反对称矩阵得式(7-50)：

$$\begin{bmatrix} 0 & -1 & \nu \\ 1 & 0 & -\mu \\ -\nu & \mu & 0 \end{bmatrix} \begin{bmatrix} h_{11} & h_{12} & h_{13} & 0 & 0 & 0 \\ h_{21} & h_{22} & h_{23} & h_{24} & h_{25} & h_{26} \\ h_{31} & h_{32} & h_{33} & 0 & 0 & 0 \end{bmatrix} \begin{bmatrix} X_w \\ Y_w \\ 1 \\ X_w^2 \\ Y_w^2 \\ X_w Y_w \end{bmatrix} = \boldsymbol{0} \tag{7-50}$$

将其整理成向量 $\boldsymbol{h}=[h_{11},h_{12},h_{13},h_{21},h_{22},h_{23},h_{24},h_{25},h_{26},h_{31},h_{32},h_{33}]^{\mathrm{T}}$ 的齐次方程组的形式，如式(7-51)所示：

$$\begin{bmatrix} 0 & 0 & 0 & X_w & Y_w & 1 & X_w^2 & Y_w^2 & X_w Y_w & -X_w\nu & -Y_w\nu & -\nu \\ X_w & Y_w & 1 & 0 & 0 & 0 & 0 & 0 & 0 & -X_w\mu & -Y_w\mu & -\mu \\ -X_w\nu & -Y_w\nu & -\nu & X_w\mu & Y_w\mu & \mu & X_{w}^2\mu & Y_{w}^2\mu & X_w Y_w\mu & 0 & 0 & 0 \end{bmatrix} \boldsymbol{h} = 0 \tag{7-51}$$

每组图像像素坐标系的特征点和其对应的世界坐标系的特征点对应一个上式方程组，其中这三个方程中只有两个方程是线性无关的，因此至少需要 6 组上述特征点进行求解变换矩阵 $\boldsymbol{H}$。在变换矩阵 $\boldsymbol{H}$ 已求解的情况下便确立了图像像素坐标系与世界坐标系的对应关系。

7.5　粗分策略及位置计算模型

中厚板轧制成型后往往不是标准的矩形形状，需要经过剪切精整的工序才能达到订单的要求。但由于无法得到成型后钢板的轮廓信息，传统剪切线的划分主要依靠于操作工人的主观判断。经过钢板轮廓的识别，可以精准地把握钢板轮廓，这可以为剪切线的划分提供有力的数据指导。通过对钢板轮廓的数据辨识，得到钢板的各个量化特征(如端部形状、侧弯形状等)，并且针对不同的特征量进行不同的剪切线划分，这样可以有效地提高综合成材率。

7.5.1 钢板粗分策略研究

得到中厚板轮廓特征数据后就可以对剪切线进行划分。首先对钢板头尾部分剪切线进行划分，对于多交点类型的头尾部，由于无法利用，所以选择根据数据辨识得到的尺寸来进行剪切去除。而对于双交点头尾部，由于其特征为宽度的变化，不存在绝对不可利用区域，因此可部分利用来降低切损，此时可根据订单子板的宽度进行划分。使得切头尾处的钢板宽度要分别大于轧制大板中分布的第一块与最后一块子板的宽度。计算得到切头尾长度后可以计算钢板的有效长度，其计算方法为：钢板有效长度＝钢板总体长度－钢板的切头尾长度，如图 7-29 所示。

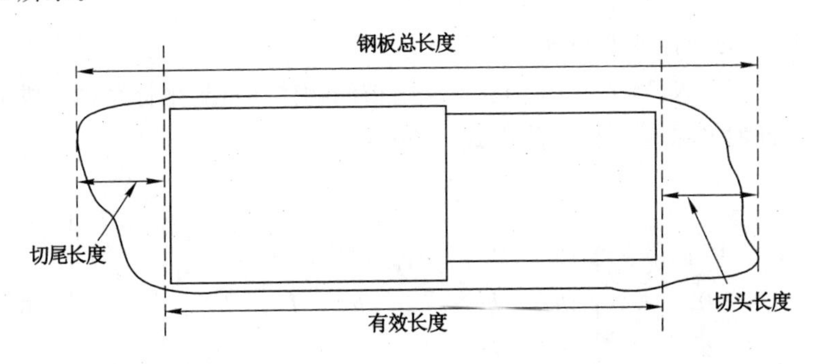

图 7-29　钢板切头尾示意图

对于钢板有效长度区域的剪切线划分。由于划分情况较为复杂，为简化计算量和提高剪切线划分效率，将钢板主体区域部分成为几种不同的情况，分别为：正常情况，短尺情况，侧弯情况，并按照不同的情况对剪切线进行划分。

(1) 正常情况

为提高生产效率，现今大多数中厚板轧制大板都是倍尺生产，即根据订单尺寸进行轧制，成型后的大板尺寸约为订单子板尺寸的整数倍。正常情况下，钢板的有效长度部分是大于该订单上子板尺寸的总长度的，因此按照订单进行正常剪切，既不会降低综合成材率，也保证了剪切的效率。

(2) 侧弯情况

由于在加工过程中的不对称因素，成型后中厚板或多或少会发生一些偏移，为了便于剪切线的划分，为侧弯量设定一个阈值，以 C 表示侧弯量，将侧弯情况简化为两大类情况，并针对两种情况设置不同的剪切策略，侧弯可表示如下：

$$\begin{cases} \text{无侧弯}, C<T \\ \text{有侧弯}, C\geqslant T \end{cases}$$

阈值设定为钢板长度的 0.2%，对于侧弯量过小的情况，则将其去头尾后看作矩形按情况(1)、(2)处理，对于侧弯量过大的情况，显然该订单已经无法在大板上排布，所以在粗分时根据不同的侧弯类型进行粗分，结合利用轮廓仿射变换将其裁剪为不同尺寸的矩形并将该大板上的订单加入待排样集中进行矩形的排样操作。钢板主体部分轮廓形状如图 7-30 所示，对于不同侧弯形状的粗分策略如图 7-31。

另外，对于成型后长度过大中厚板轧制大板来说，在边部裁剪前也应根据实际情况以及

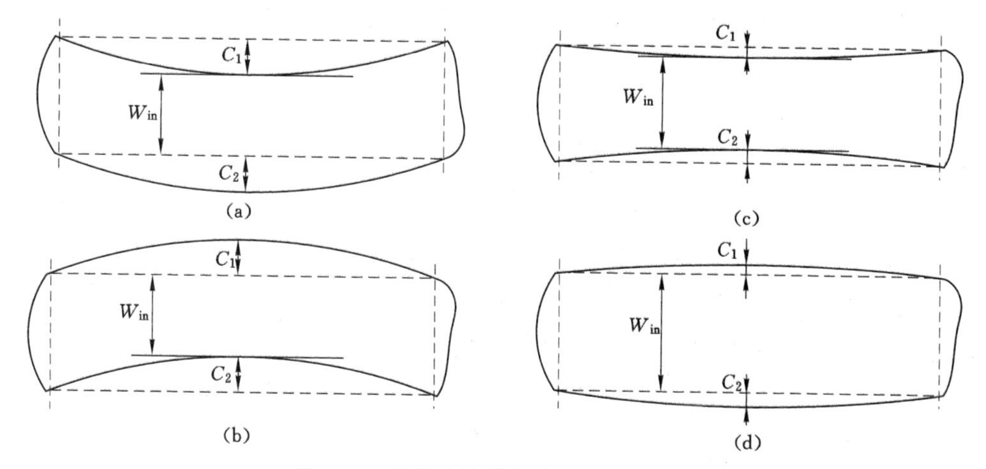

图 7-30　钢板主体部分轮廓形状示意图

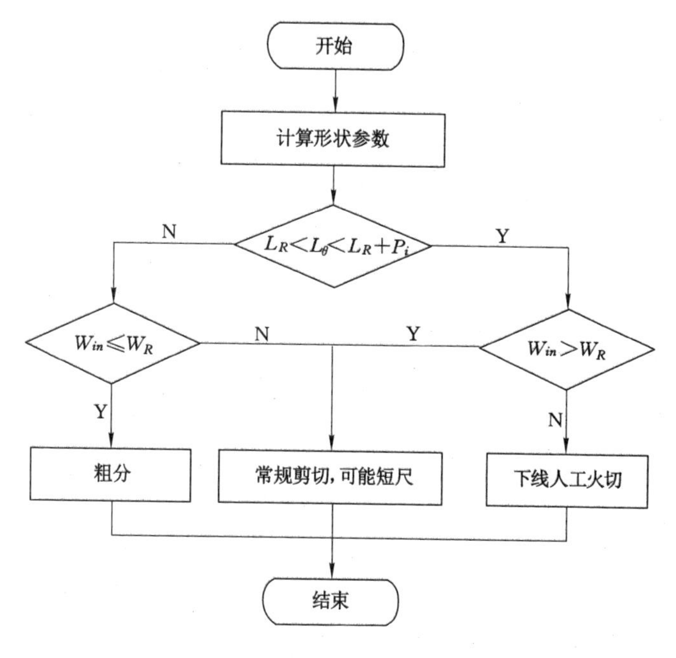

图 7-31　钢板组分策略

订单对其进行相应的粗分操作，使其分成多段以避免由于一次性剪切导致切损量和剪切应力过大的情况。

7.5.2　基于粒子群算法的粗分策略多目标优化

粗分位置不精确会直接导致钢板短尺，其对于产品的合格率至关重要。基于侧弯量计算结果，综合考虑订单计划数据，包括子板个数和尺寸信息，剪切效率，剪切损耗等因素对粗分策略进行优化，实现在最小切损状态下的高效、智能自动粗分。研究利用优化算法，依据大板尺寸，结合计划数据和侧弯量，构建最优粗分策略模型。研究目标是建立最优粗分策略模型，为剪切系统提供最优粗分建议及最优定尺策略。

粗分策略优化问题需要同时考虑子板的计划时间和空间布局，实际上就是在轧制大板上对多种不同尺寸大小的矩形子板的最优排放，可将其转化为一个多目标优化问题，可建立数学模型如下所示：

$$\begin{aligned}
&\min J = f(x) = [f_1(x), f_2(x), f_3(x)] \\
&\text{s.t.} \begin{cases} g_i(x) \leqslant 0 & i = 1,2,\cdots,m \\ h_j(x) = 0 & j = 1,2,\cdots,k \end{cases} \\
&x = [x_1, x_2, \cdots, x_d, \cdots, x_D] \\
&x_{d\min} \leqslant x_d \leqslant x_{d\max} \quad d = 1,2,\cdots,D
\end{aligned} \tag{7-52}$$

式中，x 为 D 维决策向量，包括侧弯量，订单产品长、宽、厚尺寸，$g_i(x)$为第 i 个不等式约束，$h_j(x)$为第 j 个等式约束，$x_{d\min}$ 和 $x_{d\max}$ 为每维搜索的上下限。$f(x)$为总的目标向量；$f_1(x)$为剪切损耗，$f_2(x)$为剪切所需时间，时间越短，剪切的效率就越高；$f_3(x)$为子板的剪切排序，剪切排序越低，该子板订单的优先级就越高，所以粗分策略的优化可以看作一个综合剪切损耗、剪切效率和订单优先级的多目标优化过程。

拟采用多目标粒子群算法对粗分剪切线进行优化，粒子群算法起源于鸟类捕食行为的模拟，采用的是速度-位置搜索模型。粒子群算法模型中将每个粒子看作是解空间中的一个解，每个粒子通过学习自身的经验以及种群的经验来寻找最优解，在 N 个粒子的种群 D 维的搜索空间中搜索，第 i 个粒子在第 $t+1$ 次迭代中的速度和位置更新公式如下：

$$\begin{aligned}
\nu_i^{t+1} &= \nu_i^t + c_1 r_1^t (p_i^t - x_i^t) + c_i r_i^t (p_g^t - x_i^t) \\
x_i^{t+1} &= x_i^t + \nu_i^{t+1}
\end{aligned} \tag{7-53}$$

其中，$x_i = (x_{i1}, x_{i2}, \cdots, x_{iD})^{\mathrm{T}}$ 表示第 i 个粒子在 D 维空间的位置；$\nu_i = (\nu_{i1}, \nu_{i2}, \cdots, \nu_{iD})^{\mathrm{T}}$ 表示第 i 个粒子在 D 维空间的速度；$p_i = (p_{i1}, p_{i2}, \cdots, p_{iD})^{\mathrm{T}}$ 表示第 i 个粒子目前找到的最好的位置；$p_g = (p_{g1}, p_{g2}, \cdots, p_{gD})^{\mathrm{T}}$ 表示种群当前找到的最好位置。r_1 和 r_2 是[0,1]区间内的随机数，c_1 和 c_2 是加速因子。

7.5.3 基于工艺约束的子板排布策略

中厚板发生短尺或侧弯现象后可选择对其进行排样操作，可以将其看作一个二维矩形排样问题。二维排样问题属于典型的 NPC(non-deterministic polynomial complete)问题，矩形的排布位置及排布顺序都会提高问题的复杂性，使得求解变得困难。可将其转化为数学问题，并结合具体现场的剪切工艺约束将其简化，通过对该具体问题数学模型的建立，并利用发展较为完善的智能算法进行优化计算求解，结合计算机较强的计算能力，以求在较短时间内求得问题的一个较优的解。

7.5.3.1 工艺约束

现今大多数中厚板的生产多为倍尺生产，因为倍尺生产是根据订单的尺寸进行坯料尺寸的设计并加工，这样成型后的轧制大板尺寸接近订单的整数倍，这样便于后续切分。在整个中厚板剪切生产线上的关键设备主要有：切头剪、双边剪和定尺剪等，其中切头剪的作用是对整张轧制大板进行切头尾操作以去除头尾部不规则区域，进行粗分操作以完成对轧制大板的大致分段；双边剪的作用是负责切除钢板的两侧的毛边区域和宽度余量，使得各段钢板达到合同宽度；定尺剪的作用根据各个订单的要求，对各段钢板进行精确切分，使其达到合同长度的规格，其简图如图 7-32 所示。

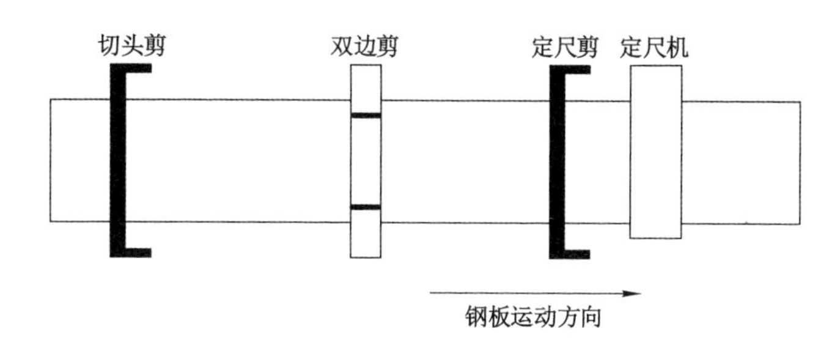

图7-32　中厚板剪切线示意图

由中厚板的生产工艺特点可知，中厚板剪切过程是一个"一刀切"过程，所以整个中厚板定尺过程可以看作是垂直其运动方向的裁剪过程。又由于订单母板的长度远大于其宽度，所以所有订单的钢板长度只能在一个方向排布，此时能够限制钢板订单子板排布的只有轧制大板的长度，因此可将中厚板的排样问题看作是一个带宽度约束的一维切割下料问题。

7.5.3.2　剪切问题数学模型的建立

一维下料问题分为单规格下料问题和多规格下料问题。其中单规格下料问题指有多种不同尺寸的需要切割的零件，但原材料只有一种尺寸类型。而多规格下料问题即为原材料与待切割零件都具有多种不同的尺寸规格，因此中厚板的剪切工艺属于多规格一维下料问题。由于一些实际生产的原因，基于中厚板剪切工艺的一维下料问题又在多规格一维下料问题的基础上添加了一些约束，可将其描述如下。

(1) 由于待排样中厚板母板都是由于短尺或者侧弯量过大而粗分后形成的，所以在排样过程中可能会产生轧制母板的尺寸满足不了待排布子板数目的需求现象，即订单子板可能不会剪切生产完全，会有多余订单子板产生。

(2) 大多数一维排样问题的目标函数通常设置为使用原材料数目最少或者在切割过程中产生的废料最短。但是基于实际剪切生产的排样并不是完全意义上的一维排样问题，目标函数需要把宽度因素考虑在内，所以本项目目标函数可以考虑为最大化轧制大板面积的利用，即已排布的子板的面积占所有待排布轧制大板面积的比例。

(3) 产生多余子板的影响也需要考虑在内，因为订单的子板一定要生产完毕，这样才能满足原定的生产计划，而原始待排布的轧制大板排布不下的订单子板，就需要在其他大板或者另外生产的轧制大板上进行排布。所以也需要将这部分考虑在内，但是多余子板在其他大板上排布的剪切损耗不可计算，所以忽略此种子板的剪切损耗与其他轧制大板剪切时产生的余量等因素，将多余子板的面积算作待排布的轧制大板的面积。

(4) 在实际剪切过程中也需要将实际的剪切效率考虑在内，在保证综合成材率的要求下，利用添加问题约束或者优化求解算法等方式提高剪切效率。

基于以上四个条件我们可针对中厚板剪切工艺建立如下数学模型：

设具有一定数量的轧制大板 $S=(S_1,S_2,S_3,\cdots,S_n)$，其中 $S_i(1\leqslant i\leqslant n)$ 表示单个轧制大板的面积，$L_i(1\leqslant i\leqslant n)$ 表示单个轧制大板的长度，$W_i(1\leqslant i\leqslant n)$ 表示轧制大板的宽度。现需要从轧制大板中切割出 m 种子板，每种子板的面积和长度分别为 $s_j(1\leqslant j\leqslant m)$ 和 $l_j(1\leqslant j\leqslant m)$，每种子板的数量分别为 $c_j(1\leqslant j\leqslant m)$。其中没有排布下子板的数量为 w，其面积和长度分别以 $s_{rk}(1\leqslant k\leqslant w)$ 和 $l_{rk}(1\leqslant k\leqslant w)$ 表示。另记每块轧制大板上可排布 d_i 块

子板，并以 x_{ij} 表示为第 i 块轧制大板上切割的第 j 块子板的长度，以 y_{ij} 表示为第 i 块轧制大板上切割的第 j 块子板的宽度，则中厚板剪切的排样问题可具体表示为：

$$\max Z=\frac{\sum_{j=1}^{m}s_j\times c_j-\sum_{k=i}^{w}S_{rk}}{\sum_{i=1}^{n}S_i+\sum_{k=i}^{w}S_{rk}} \tag{7-54}$$

$$\text{s.t.}\quad \sum_{j=1}^{d_i}x_{ij}l_j\leqslant L_i \qquad y_{ij}<W_i \tag{7-55}$$

式(7-54)为目标函数，表示排样算法的利用率，其中将未排布的子板考虑在内并将其放入分母；式(7-55)为约束函数，表示在子板宽度允许的条件下同一张轧制大板上排布的子板的总长度不能超过轧制大板的有效利用长度。

式(7-54)、(7-55)所描述的数学模型归根结底是子板以及排布大板的排列组合问题，但是由于子板与轧制大板的数量及种类数目可能较多，利用穷举法可能会在较短时间内得不到一个较好的解。所以在实际生产中，可以利用启发式的排样算法进行问题的求解以节省计算成本。

在算法设计之前，需要考虑到剪切的实际生产情况，剪切效率无疑是一个必须考虑在内的因素，由于剪切设备每次工作都会需要一定的时间和消耗，剪切设备的多次运作不光浪费时间，而且降低了设备的使用寿命，因此，为了提高利用率而使剪切设备多次移动与运作是很不划算的，所以本项目将剪切效率考虑在内并基于以上模型结合 BF 算法思路设计了一种启发式排样算法，其流程如图 7-33 所示，其具体步骤如下，同时该方法可作为适应度函数结合群智能算法形成混合算法。

Step1　按顺序一次取子板排放，排放时为提高轧制大板的利用率，算法的策略是在满足子板排布的具体约束下，尽可能将待排布的子板放到此时已经排布过的轧制大板上。在有多个已排布的轧制大板情况下，优先将其放到剩余面积最小的轧制大板上。

Step2　为提高具体剪切时的效率，设置子板排版顺序时将同种类型子板放到一起，此时生成了一个子板的排放序列 P，按照该顺序排布可尽量保证具有相同规格的子板排布到同一块轧制大板上。

Step3　排布时如果当前轧制已排布的轧制大板无法满足排布需求时，则在待排布轧制大板中随机选择一块新的大板进行排布。

7.6　智能剪切系统软件及装置创新研发

7.6.1　系统总体布局及软硬件架构设计

7.6.1.1　系统总体布局设计

莱钢 4 300 mm 产线产品制造工艺窗口，其中热矫直机出口温度为 400～1 000 ℃，在线剪切钢板经过冷床 100～1 000 ℃温降后，进行在线剪切。

为更好实现中厚板产品质量过程管控，最大限度发挥智能剪切系统功能，本项目将钢板

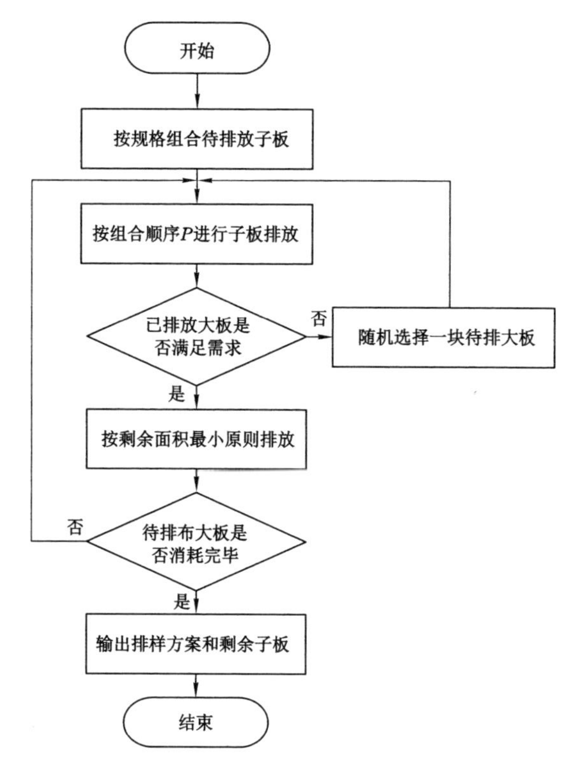

图7-33　算法流程图

轮廓仪安置在热矫直机后，该位置可以将最终成型后钢板的轮廓信息进行真实感知，并将感知数据反馈前道工序。在冷床后切头剪工序安置在线粗分系统，基于钢板头、尾不规则变形区、钢板宽度和长度、镰刀弯等感知数据，并结合合同信息实现对钢板进行智能剪切。钢板在经过冷床温降过程中，存在因热胀冷缩、组织相变等因素对冷态钢板的长度、宽度、镰刀弯等参数产生巨大影响的情况。

项目提出了应用材料学和数据科学相互融合的创新手段，基于数到轧后热态钢板与过冷床后冷态钢板参数的协同感知的系统设计思路，达到冷态钢板参数和热态钢板参数一一映射对应。基于产线实际的智能剪切系统总体布局设计如图7-34所示。

7.6.1.2　智能剪切系统功能设计

智能剪切系统由形状识别、优化剪切和剪切微跟踪系统三个子系统构成。其中，形状识别系统主要有图像采集和预处理系统及头尾形状识别系统两个子系统构成。优化剪切系统由轮廓显示、侧弯量计算和优化剪切策略计算三个模块组成。系统各个组成部分的功能设计如表7-2所示。

在满足以上子系统功能及智能剪切功能的基础上，进一步扩展该系统的其他功能。

7.6.1.3　系统架构总体设计

系统软件架构设计如图7-35所示。

系统软件分为通用软件和应用软件两个部分。通用软件部分具体如下：

- 操作系统：Windows Server
- 数据库：ORACLE 12c

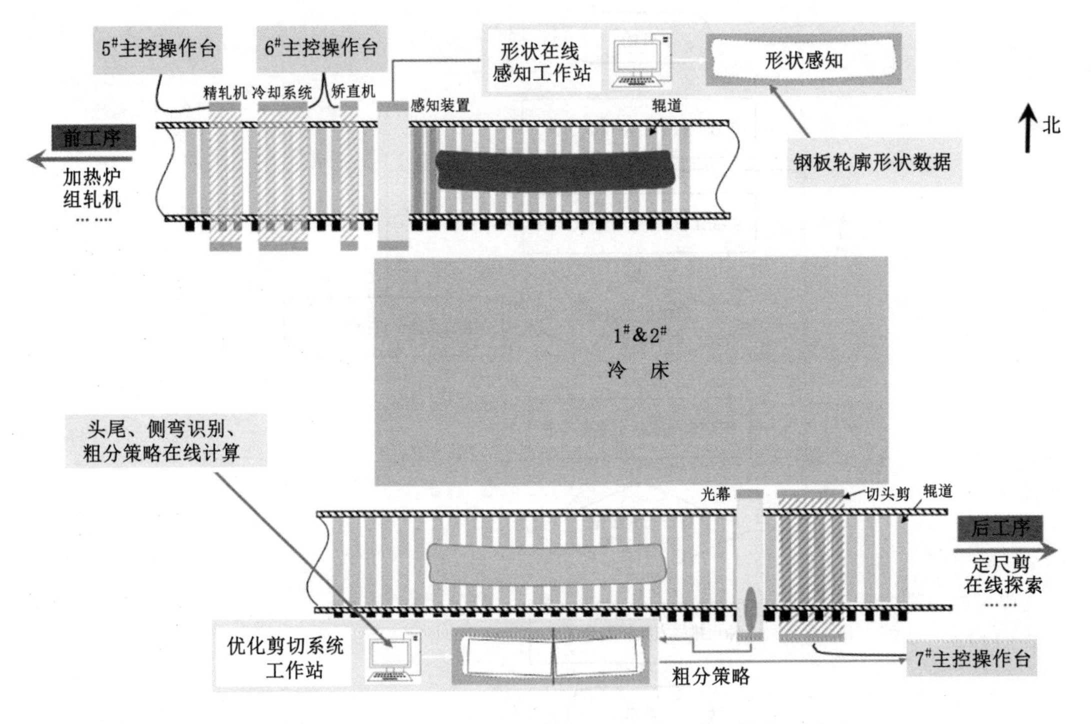

图 7-34　4 300 mm 中厚板产线的智能剪切系统总体布局设计

表 7-2　智能剪切系统功能设计

子系统	系统组成部分	主要任务
形状识别系统	图像采集和预处理	在相机标定好的基础上，依据线阵相机组实时采集钢板轮廓点，完成包括图像滤波及预处理，并同时存储数据的功能
	头尾形状识别	通过采集的图像数据，计算钢板头尾不规则形状区域长度和宽度，计算钢板总长度和钢板宽度，计算得到钢板整体轮廓
优化剪切系统	轮廓显示	依据形状识别系统发送过来的数据，实时显示包括头尾不规则变形区的钢板整体轮廓，同时配有辅助测量线可进行人机交互测量长度及宽度
	侧弯量计算	计算每 5/10/15/20 m 的侧弯量
	优化剪切策略计算	依据三级钢板计划数据计算切头尾量及粗分策略
剪切微跟踪系统	钢板位置微跟踪	位于切头剪前，实时跟踪钢板头部位置

- 编程软件：VS. net
- TCP/IP 以太网通讯软件

应用软件部分：

- 通讯软件
- 数据管理软件
- 过程设定软件
- 实用软件工具(过程模拟仿真、系统调试工具)

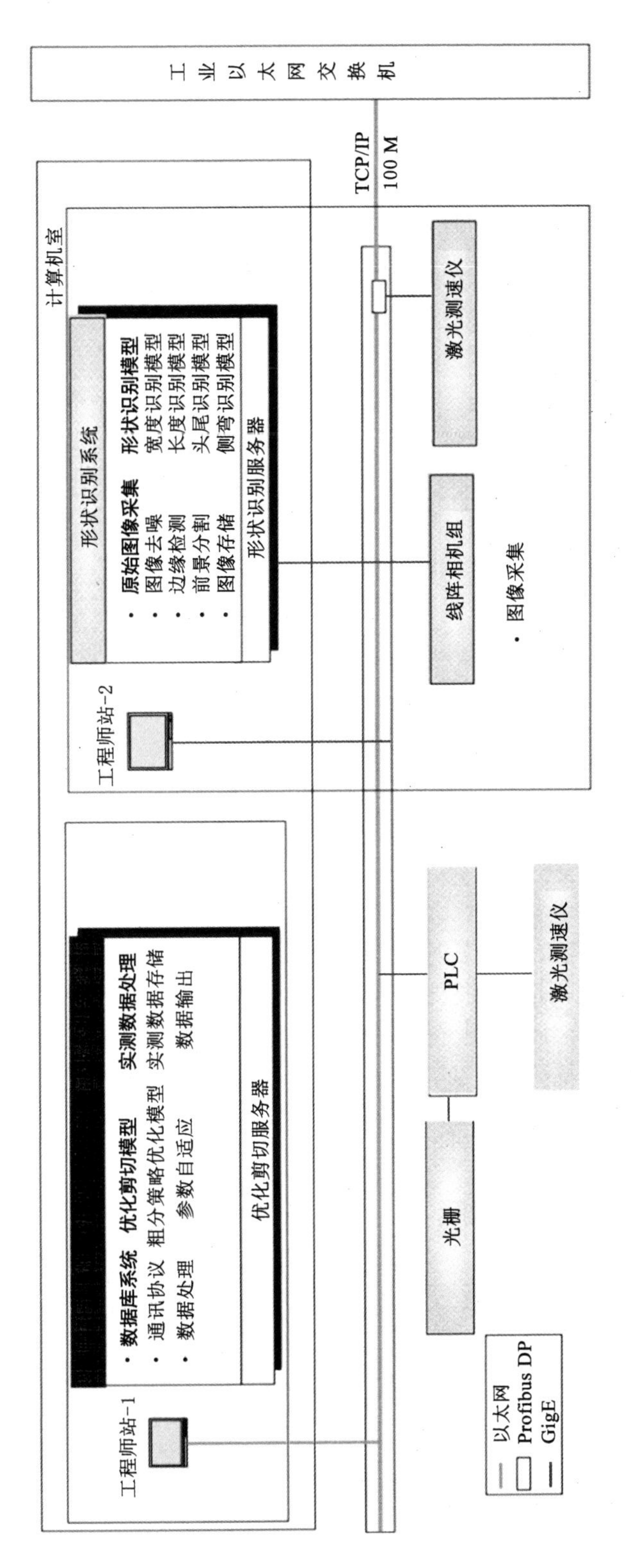

图7-35　系统软件架构总体设计

7.6.1.4　硬件架构设计

智能剪切系统设计轮廓仪和智能粗分工作站，配置三台服务器。为满足轮廓识别，配置3个相机组和辅助光源系统。为保证原系统安全运行，设置了安全防火墙，在智能粗分硬件系统中设计了光幕和激光测速与三级 MES 进行数据交互。检测系统硬件架构设计如图 7-36 所示。

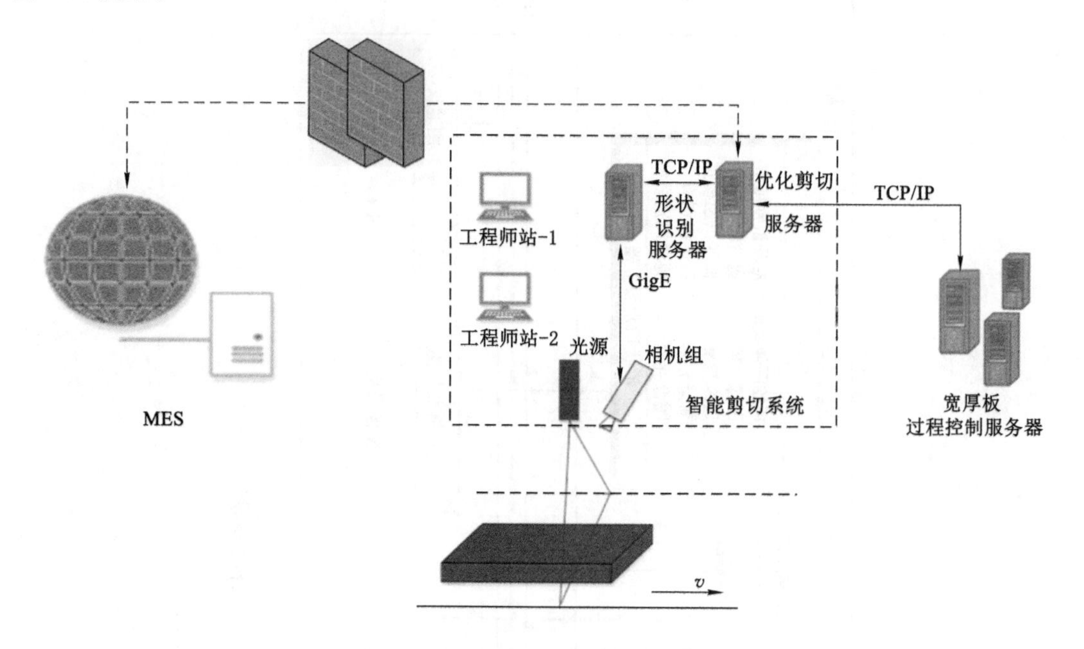

图 7-36　智能剪切系统硬件架构设计

7.6.1.5　钢板剪切微跟踪系统硬件设计

对于智能粗分子系统需要将热态钢板轮廓、宽度和长度感知信息在线转化成冷态钢板的信息后，对钢板头部不规则区域在线切除，然后根据合同信息确定钢板是否粗分。

通过钢板剪切微跟踪系统硬件由布置在辊道上方的激光测速仪和光幕组成，系统装置示意图如图 7-37 所示。光幕检测仪放置于切头剪前 2 m 处用于检测钢板头部是否到达，直接与 PLC 连接，输出 0/1 信号。

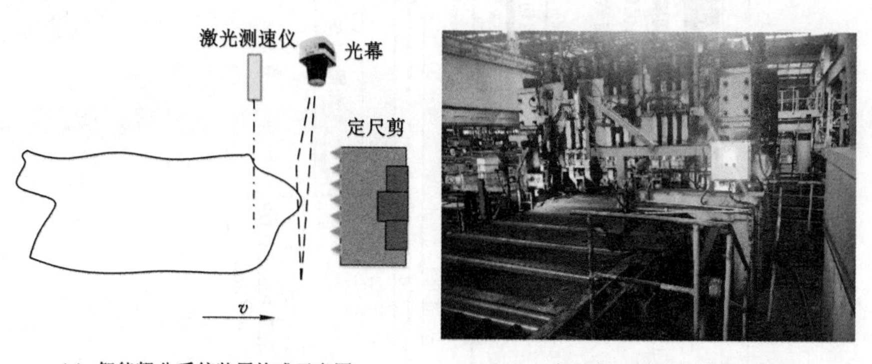

(a) 智能粗分系统装置构成示意图　(b) 智能粗分系统装置现场布置

图 7-37　智能粗分系统装置

表7-3　光幕技术参数

序号	项目	参数
1	光源	红外线(850 nm)
2	激光等级	1 (IEC 60825-1:2014，EN 60825-1:2014)
3	开启角度	水平的270°
4	扫描频率	15 Hz
5	角度分辨率	0.33°
6	工作区域	0.05～10 m
7	反射比	10%时8 m

7.6.2　智能剪切系统辅助系统设计

钢板高温轧制到剪切完成整个过程温度覆盖范围为室温～1 000 ℃，智能剪切系统在高温和粉尘环境中工作时，现有的高温防护装置不能满足要求，会急剧缩短智能剪切系统的寿命，也给钢板安全过程控制与生产质量带来巨大的隐患。为此，针对系统整体装置和仪表，项目创新设计了温度防控、冷却等系统装置。

7.6.2.1　温度防控系统装置开发

针对智能剪切系统，研究人员设计了一套温控系统及温控设备用于解决温度过高问题。温控系统装置包括高温监测设备、水冷却系统、电动流量调节阀、PLC控制系统、温控箱以及吹扫装置。各部分装置功能如下：

① 通过PLC控制系统控制冷却水管流量与压力，达到对温控箱内部的检测或对监测设备进行物理降温的目的，保证温控箱的温度在设定的温度范围内波动，而且箱盖是耐高温玻璃，这保证了设备具有较好的检测或监测视野，密封胶条能够起到防尘、防水的作用，该温控装置结构简单，成本较低。

② 对高温检测模块安装位置进行了前置，当检测到高温物体靠近时，可迅速反馈信号给PLC控制系统，使得水冷循环提前工作，避免温控箱温度的剧烈波动。

③ 空气吹扫装置防止温控箱箱盖耐高温玻璃的水汽、灰尘凝结在玻璃表面，保持玻璃表面的清洁，减少水汽、灰尘对检测或监测设备的干扰。

④ 钢板高温轧制具有时间间歇性，由于板坯或钢板的热辐射，其上方温控箱温度随之变化，当低于设定温度后，PLC控制系统停止工作，以节约电力能源。

系统冷却系统装置示意图如图7-38所示。

图7-38中设备包括高温监测设备1、进出水管2、电动流量调节阀3、PLC控制系统4、温控箱5和吹扫装置6。

7.6.2.2　工业冷水机及换热器

一般工业相机工作温度大约在50 ℃，考虑到热轧轧线上方温度远高于此温度，需在相机外加双层铁(钢)制防护罩，防护罩夹层使用风冷式工业冷水机供给的冷水作为降温防护装置，如图7-39所示。同时，需要气吹以保证镜头清洁，需厂方提供仪表用水和用气源。

7.6.3.3　压缩空气设计

压缩空气技术参数要求：流量不低于3 m^3/min，压力不低于0.3 MPa。压缩空气应使

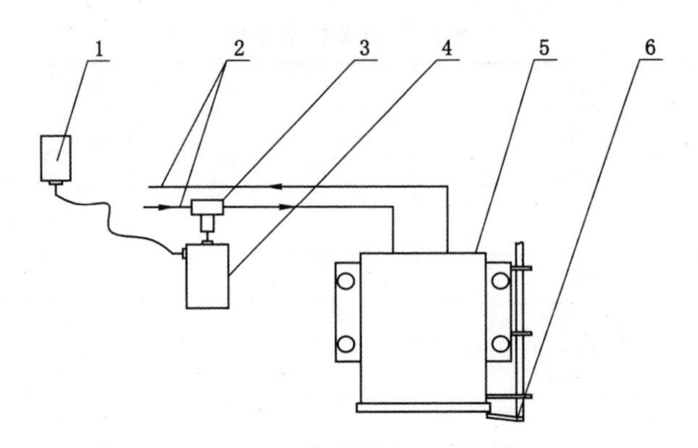

图 7-38 冷却系统装置示意图

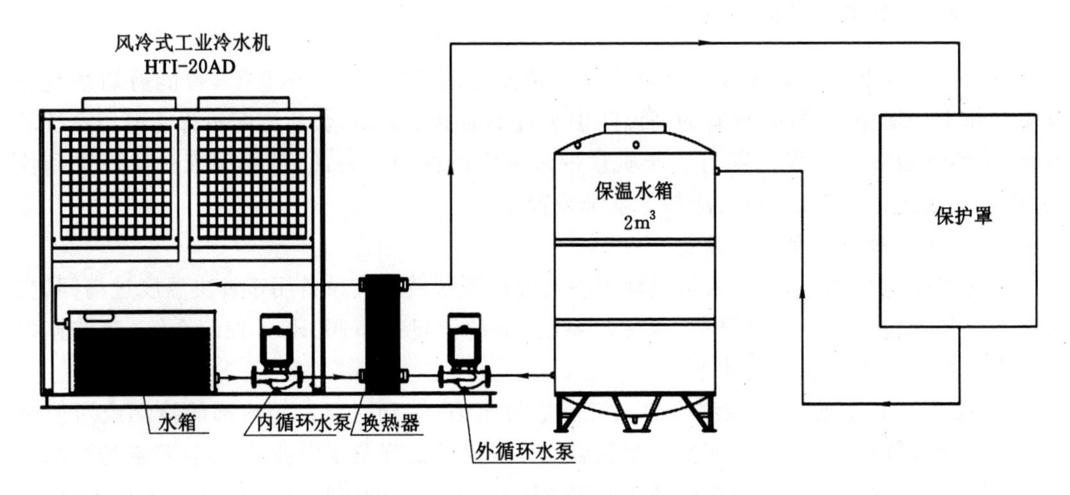

图 7-39 风冷式冷水机冷却示意图

用仪表用气，要求滤除液态水分和油分。具体质量要求如下：

颗粒：颗粒尺寸最大：1 μm (ISO 8573—1 class 2)

颗粒密度最大：1 mg/m^3(ISO 8573—1 class 2)

含油量：最大：1 mg/m^3(ISO 8573—1 class 3)

含水量：最大压力露点－40 ℃；

含水量最大 120 mg/m^3(ISO 8573—1 class 2)

7.6.3 系统组成及网络通信设计

7.6.3.1 基于现场数据流的通信设计

4 300 mm 中厚板产线系统架构为传统的 L_1-L_4 四层计算机控制系统。智能剪切软硬件系统跨越纵向 L_1-L_3 系统层级并与之存在数据交互作用，系运行过程中，需要进行钢板形状识别，结合当前被识别钢板的合同信息实现钢板的在线智能剪切，根据合同要求完成切头和粗分任务。智能剪切系统与产线控制系统数据交互作用如表 7-3 所示。

表 7-3　智能剪切系统与产线控制系统数据交互作用

序号	数据流方向	时机	主要任务
1	L2→优化剪切系统→形状识别系统	钢板到达矫直机	发送当前钢板 ID 及相关物料信息
2	激光测速仪→形状识别系统	钢板到达矫直机	图像数据采集及计算
3	形状识别系统→优化剪切系统	形状识别系统完成采集及处理	发送结果到优化剪切系统
4	优化剪切系统→L2	优化剪切系统计算完	优化剪切系统计算完

当钢板到达矫直机后，过程控制系统发送当前钢板 ID 及相关物料信息给形状识别系统，同时附带 MES 中的计划信息，主要包括产品尺寸信息、子板尺寸信息、光栅信号触发形状识别系统开始图像采集并处理。形状识别系统完成采集及处理，发送结果到优化剪切系统；最后发送结果给二级过程控制系统。系统数据流示意如图 7-40 所示。

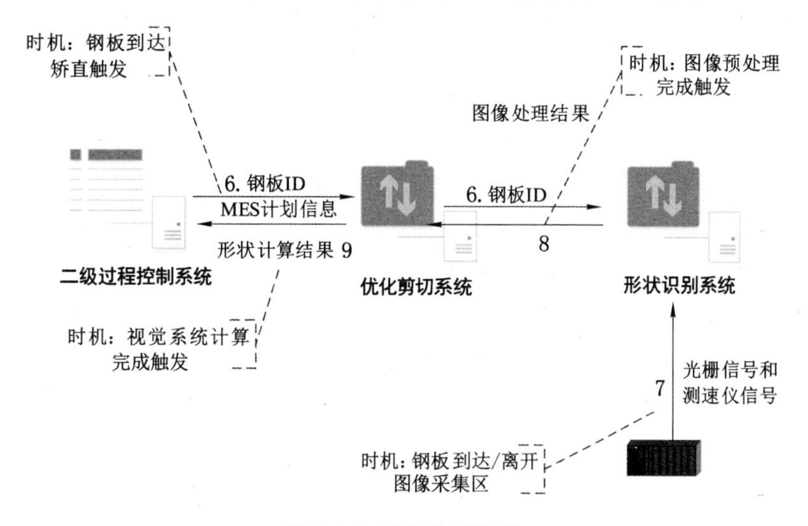

图 7-40　系统数据流图

在本项目应用前，由于原来系统架构的问题，采用的是多个程序相互通讯，通讯链路复杂，切头剪操作人员如需进行粗分操作，需要把粗分指令录入三级系统，由三级系统下发至二级系统，再由二级系统下发至切头剪一级系统，整个过程需要 7～10 步操作，涉及 3 台计算机，而且等待下发结果到一级需要大约 2～3 min。应用本系统后，将通讯方式进行优化，采用 DBlink 直接连接三级和剪切线二级数据库，将剪切模型模块化，实现粗分策略自动计算，操作人员只需要点击一个确认按钮即可，会将结果直接发送到一级和三级，整个过程仅需 2～3 s。

7.6.3.2　智能剪切系统接口设计

需要原有二级跟踪准备相应的接口，为检测系统提供轧线当前钢板信息。接口通讯格式定义如表 7-4、7-5、7-6 表所示，但定义不限于此内容，需要依据现场需要增加或修改具体通信内容，原则上不超过 500 B。

传送内容 1：轧件跟踪数据。

传送方向为 L2→智能剪切系统。传送时机为轧机抛钢后（或钢板到达矫直），进入形状检测系统范围之前数据包，具体如表 7-4 所示。

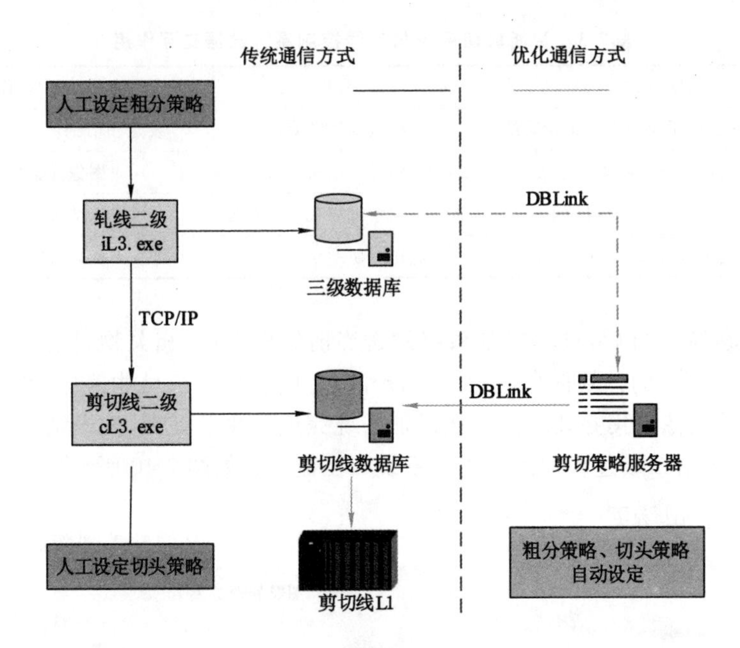

图 7-41　优化通信方式

表 7-4　L2 与智能剪切系统通讯数据

序号	数据名称英文	数据名称中文	类型	长度	单位
1	Heat_NO	厚度	N	8	mm
2	mat_act_width	宽度	N	5/1	mm
3	mat_act_len	长度	N	8	mm
4	mat_wt	重量	N	8/3	t
5	mat_sub_number	子板数量	N	8	个

传送内容 2:心跳数据包,负责监听通讯连接状态。

传送方向为智能剪切系统→L2,数据发送周期为 10 s,与智能剪切系统通讯心跳数据涉及的字段如表 7-5 所示。

表 7-5　L2 与智能剪切系统通信心跳数据

序号	数据名称英文	数据名称中文	类型	长度	单位
1	MSG_COUNTER	/	N	10	/
2	MSG_STATUS	处理标志位	N	1	/
3	MSG_WRITETIME	/	C	14	/

传送内容 3:优化剪切服务器计算结果数据。

传送方向为计算结果→数据库表。传送时机为当优化剪切服务器计算完成剪切策略后,将结果写入到轧线 二级指定数据库表中。数据库实例名为 PRDB,表名为 EVN_EXT_

SLPDI。涉及的字段如表 7-6 所示。

表 7-6　优化剪切服务器计算结果数据字段

序号	数据名称英文	数据名称中文	类型	长度	单位
1	CSLEN1	第 1 段粗分长度	N	/	/
2	CSLEN2	第 2 段粗分长度	N	/	/
3	CSLEN3	第 3 段粗分长度	N	/	/
4	CSLEN4	第 4 段粗分长度	N	/	/
5	CSLEN5	第 5 段粗分长度	N	/	/
6	CSLEN6	第 6 段粗分长度	N	/	/
7	CSNUMPIECEPLATE	粗分的数量，即粗分几段	N	/	/

7.6.3.3　人性化的轮廓可视化界面

系统的可视化主界面如图 7-42 所示，界面位于切头剪操作台。操作人员可在此主界面上实时查看待剪切钢板的总长度、宽度、头尾变形区长度、侧弯量等关键测量信息，同时还可通过与三级通讯查询显示合同子板的个数、长度、宽度信息，供操作人员参考。此外最优剪切策略也会直观地显示在主界面上，操作人员确认后只需要点击“确认”按钮即可下发执行。

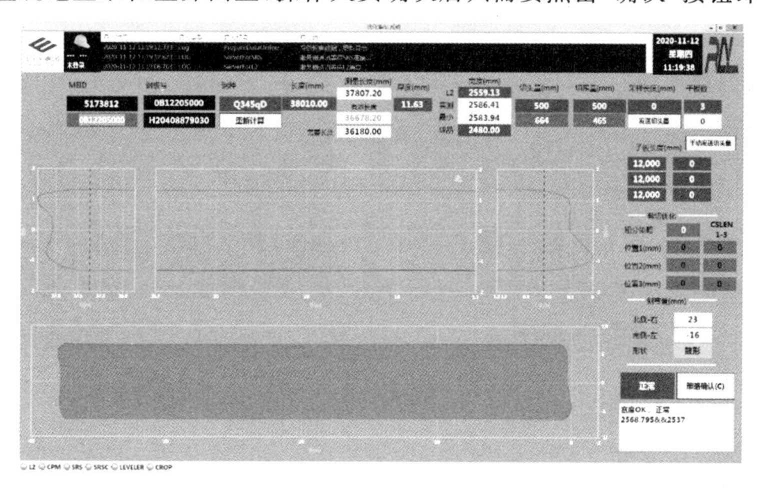

图 7-42　轮廓可视化界面

7.7　应用效果

该项目技术成功开发并应用在莱钢中厚板 4 300 mm 生产线，是国内中厚板领域内的首套成功应用，实现钢板轮廓包括长度、宽度、头尾变形区、侧弯量的实时、稳定、精准测量，宽度方向检测，精度±2 mm、长度方向检测误差小于 5‰、侧弯量检测精度±5 mm，头尾不规则变形区检测，精度±5 mm，取代了人工肉眼观察估计尺寸方式，安装完成的轮廓测量装置如图 7-43 所示；实现自动计算剪切策略并下发，取代了人工仅凭经验、盲目操作的剪切方式，大大减少了误判或漏判导致的双边切损和回流比例，实现了智能剪切；大大降低了剪切线操作人员工作强度，作业流程明显简化，工作效率显著提高。单支钢板剪切时间由原1.43 min降低至1.2 min，剪切线生产效率提高13.3%，轮廓检测系统主界面如图7-44所示。此外，系统安装于热矫直机后，冷床前，精轧机组可实时观察到轧制出来的钢板形状，对于精轧机组控制后续板形和侧弯具有重要的参考意义。

图 7-43　轮廓检测装备与人工测量比对

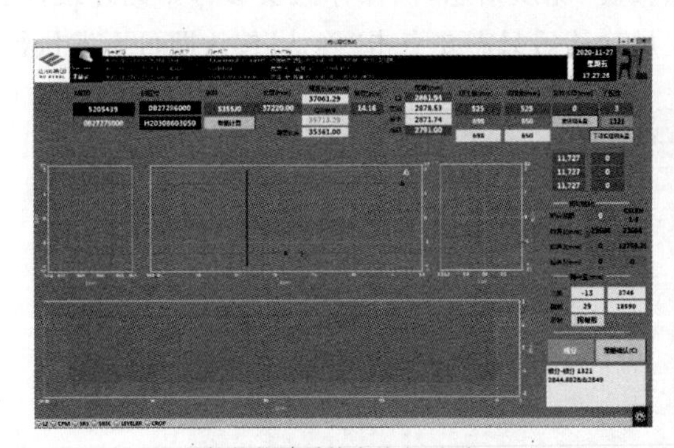

(a) 智能剪切系统在线主画面

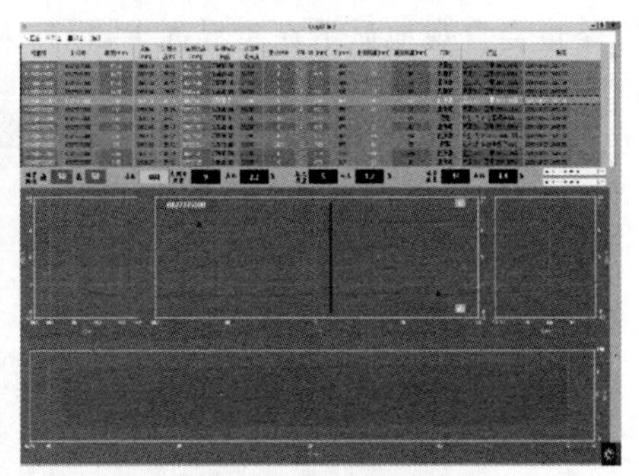

(b) 智能剪切系统离线主画面

图 7-44　智能剪切系统软件界面

参考文献

[1] 陈拂晓. 有限元在金属塑性成形中的应用[M]. 北京:化学工业出版社,2010.
[2] 单旭沂,劳兆利. 热连轧过程控制系统关键技术的思考与实践[J]. 冶金自动化,2009,33(5):1-5.
[3] 丁敬国,昝培,宋成志,等. 攀钢1450热连轧数据采集系统[J]. 冶金自动化,2007,31(6):23-26.
[4] 丁荣麟,封金双,梅兵. 邯钢薄板坯连铸连轧的轧机设定计算机系统(四)[J]. 冶金自动化,2003,27(1):43-45.
[5] 丁荣麟,封金双,梅兵. 邯钢薄板坯连铸连轧的轧机设定计算机系统(二)[J]. 冶金自动化,2002,26(5):34-37.
[6] 丁荣麟,封金双,梅兵. 邯钢薄板坯连铸连轧的轧机设定计算机系统(三)[J]. 冶金自动化,2002,26(6):19-22.
[7] 丁荣麟,封金双,梅兵. 邯钢薄板坯连铸连轧的轧机设定计算机系统(一)[J]. 冶金自动化,2002,26(3):24-26.
[8] 丁小梅,刘鹏. 基于小波神经网络的轧制压力高精度预报模型[J]. 工程建设与设计,2005(6):69-71.
[9] 丁修堃. 轧制过程自动化[M]. 3版. 北京:冶金工业出版社,2009.
[10] 杜立辉,王德松. 中厚板行业生产格局和竞争态势分析[J]. 船舶物资与市场,2018(3):32-36.
[11] 杜平,胡贤磊,李勇,等. 唐钢3500mm中厚板轧机轧制过程的轧件跟踪[J]. 轧钢,2007,24(5):46-49.
[12] 范满仓. 马钢2250热轧带钢生产线电气自动化控制新特点[J]. 冶金动力,2008,27(2):65-68.
[13] 付成明,陈龙,吕志聆,等. 中厚板厂轧件轧制过程跟踪控制技术[J]. 武钢技术,2012,50(3):19-21.
[14] 傅新,邹俊,杨华勇. 热轧带钢头尾图像识别及剪切优化系统[J]. 仪器仪表学报,2005,26(11):1119-1122.
[15] 何安瑞,孙文权,宋勇,等. 宽带钢热连轧计算机控制系统概述[J]. 鞍钢技术,2011(6):1-6.
[16] 何斌. 热轧带钢头尾优化剪切技术的应用研究[J]. 科技与企业,2011(7):17-18.
[17] 何纯玉,吴迪,王君,等. 中厚板轧制过程计算机控制系统结构的研制[J]. 东北大学学报(自然科学版),2006,27(2):173-176.
[18] 何纯玉. 中厚板轧制过程高精度侧弯控制的研究与应用[D]. 沈阳:东北大学,2009.

[19] 何经典.热轧主轧线数据自动采集系统研究及应用[J].冶金自动化,2010,34(3):53-56.

[20] 何立强.同时多线程处理器前端系统的研究[D].北京:中国科学院研究生院(计算技术研究所),2004.

[21] 贺鹏,李菁,吴海涛.网络时间同步算法研究与实现[J].计算机应用,2003,23(2):15-17.

[22] 胡宇,刘雅超,吕彦峰.攀钢 1450 热连轧改造系统过程计算机之间的通讯[J].控制工程,2007,14(4):410-412.

[23] 姜浩,毕诸明,朱岩.FMS 运控软件的死锁问题及其检测方法[J].东南大学学报(自然科学版),1997,27(1):11-15.

[24] 矫志杰,何纯玉,陈波,等.首钢中厚板轧机过程控制系统[J].东北大学学报(自然科学版),2004,25(5):412-415.

[25] 矫志杰,何纯玉,牛文勇,等.中厚板轧机全自动轧钢控制功能的在线实现[J].东北大学学报(自然科学版),2005,26(8):751-754.

[26] 矫志杰,胡贤磊,赵忠,等.中厚板轧机设定计算功能的在线实施[J].东北大学学报(自然科学版),2005,26(7):644-647.

[27] 矫志杰,王君,何纯玉,等.中厚板生产线的全线跟踪实现与应用[J].东北大学学报(自然科学版),2009,30(11):1617-1620.

[28] 矫志杰,杨红,何纯玉,等.首钢中厚板轧机的轧件跟踪[J].冶金自动化,2004,28(4):44-46.

[29] 矫志杰,赵启林,王军生,等.宝钢益昌冷连轧机过程控制系统[J].冶金自动化,2004,28(3):34-37.

[30] 寇新民.攀钢 1450mm 热连轧机过程控制计算机系统关键技术[J].钢铁研究学报,2007,19(3):98-102.

[31] 李海军.热轧带钢精轧过程控制系统与模型的研究[D].沈阳:东北大学,2008.

[32] 李军生.带钢热连轧二级自动化系统的应用[J].冶金设备,2000(4):56-59.

[33] 李毅杰,胡建芳,孟庆元,等.实时多任务操作系统在窄带钢热连轧机的应用[J].北京科技大学学报,1995,17(2):154-158.

[34] 李毅杰,孙一康,杨卫东,等.热轧带钢板坯头部优化剪切系统[J].钢铁,1995,30(4):73-77.

[35] 李元,刘文仲,孙一康.神经元网络在热连轧精轧机组轧制力预报的应用[J].钢铁,1996,31(1):54-57.

[36] 廖强,刘兆东,郭静,等.主动视觉技术在精密测量中的应用研究[J].计算机工程与应用,2009,45(10):218-220.

[37] 刘才,杜凤山,连家创.薄板带张力轧制时金属流动的计算机模拟[J].钢铁,1992,27(1):35-38.

[38] 刘才.有限元法在轧制理论中的应用[J].钢铁,1988,23(9):63-68.

[39] 刘恩洋,彭良贵,唐芳芳,等.基于 B/S 模式的层流冷却报表系统的设计与应用[J].轧钢,2012,29(4):43-46.

[40] 刘金刚,王文天,李志锋,等. 1450mm 冷连轧生产线过程控制系统功能分析[J]. 鞍钢技术,2009(1):35-38.

[41] 刘相华. 刚塑性有限元及其在轧制中的应用[M]. 北京:冶金工业出版社,1994.

[42] 刘相华. 轧制参数计算模型及其应用[M]. 北京:化学工业出版社,2007.

[43] 刘燕生. 基于软件方式实现空管自动化系统的时间同步[J]. 空中交通管理,2011(9):29-32.

[44] 刘振宇,王昭东,王国栋,等. 应用神经网络预测热轧 C—Mn 钢力学性能[J]. 钢铁研究学报,1995,7(4):61-66.

[45] 刘知贵,臧爱军,陆荣杰,等. 基于事件同步及异步的动态口令身份认证技术研究[J]. 计算机应用研究,2006,23(6):133-134.

[46] 吕程,王国栋,刘相华,等. 基于神经网络的热连轧精轧机组轧制力高精度预报[J]. 钢铁,1998,33(3):33-35.

[47] 庞玉华,杜忠泽. 金属塑性加工学[M]. 西安:西北工业大学出版社,2011:58-59.

[48] 钱振伦. 我国宽带钢热连轧机的最新发展及其评析(一)[J]. 轧钢,2007,24(1):33-35.

[49] 任卫星,李勇,杨红,等. 钢板综合过程跟踪在南钢中厚板生产中的应用[J]. 轧钢,2005,22(1):50-52.

[50] 杉山昌之,段義治,中島利郎,藤内秀人,田壺宏和. レーザ走查型センサを用いた厚板キャンバ計[J],三菱电机技术报,2000,74:351-355.

[51] 盛凯,李德刚. 包钢薄板坯连铸连轧生产计划系统[J]. 冶金自动化,2002,26(6):48-50.

[52] 宋勇,荆丰伟,蔺凤琴,等. 宽带钢热轧二级控制系统[J]. 金属世界,2010(5):64-67.

[53] 宋元力,黎在云,牟艳. 现代宽厚板厂计算机控制系统[J]. 宝钢技术,1999(3):40-44.

[54] 苏亚华,李旭,张殿华,等. 宽厚板轮廓检测及智能剪切系统核心技术[J]. 轧钢,2021,38(6):69-74.

[55] 孙建杰,陈佳品. 临界区读写锁的实现[J]. 计算机与现代化,2011(9):215-219.

[56] 孙杰,汪龙军,任辉,等. 轧制过程多工序指标建模及优化的研究现状与发展趋势[J]. 冶金自动化,2022,46(2):57-64.

[57] 孙克,王长松,罗永军. 基于小脑模型神经网络的轧制力预报模型[J]. 钢铁研究,2004,32(1):55-57.

[58] 孙一康,高海. 鞍钢 1700 热连轧计算机控制系统集成[J]. 金属世界,2003(5):9-12.

[59] 孙一康. 带钢热连轧的模型与控制[M]. 北京:冶金工业出版社,2007.

[60] 孙一康. 适用于轧钢过程的计算机控制系统[J]. 中国工程科学,2000,2(1):73-76.

[61] 孙一康。带钢热连轧数学模型基础[M]. 北京:冶金工业出版社,1979.

[62] 田中佑兒,大森和郎,三宅孝則,ほか. 厚板延圧におけるキャソバー制御技術[J],川崎制铁技术报,1986,18(2):47-53.

[63] 汪家才. 金属压力加工的现代力学原理[M]. 北京:冶金工业出版社,1991.

[64] 王东东,盖楠楠. 京唐热轧 2250mm 过程控制系统应用与研究[J]. 工业控制计算机,2012,25(10):57-58.

[65] 王东东. PASolution 中间件在京唐热轧过程控制系统中的应用[J]. 冶金自动化,2010,

34(5):56.
[66] 王刚,刘立柱. ZIP 文件压缩编码分析[J]. 微计算机信息,2006,22(15):283-285.
[67] 王广春. 金属体积成形工艺及数值模拟技术[M]. 北京:机械工业出版社,2010.
[68] 王国栋,刘相华. 金属轧制过程人工智能优化[M]. 北京:冶金工业出版社,2000.
[69] 王国栋,刘振宇,张殿华. RAL 关于钢材热轧信息物理系统的研究进展[J]. 轧钢,2021,38(1):1-7.
[70] 王国栋,吴迪,刘振宇,等. 中国轧钢技术的发展现状和展望[J]. 中国冶金,2009,19(12):1-14.
[71] 王国栋,赵德文. 现代材料成形力学[M]. 沈阳:东北大学出版社,2004.
[72] 王国栋. 认清形势,自主创新,调整结构,保持增长:论轧钢行业 2009 年的任务[J]. 轧钢,2009,26(1):1-5.
[73] 王国栋. 中国金属学会轧钢分会中厚板学术委员会,轧钢信息网中厚板网编著. 中国中厚板轧制技术与装备[M]. 北京:冶金工业出版社,2009.
[74] 王海峰. 飞剪优化剪切系统的研究[D]. 东北大学,2009.
[75] 王军生,矫志杰,赵启林,等. 益昌 1220mm 冷轧机组控制模型软件的开发[J]. 轧钢,2001,18(4):14-17.
[76] 王军生,赵启林,矫志杰,等. 宝钢益昌冷连轧机组改造新技术[J]. 材料与冶金学报,2002,1(2):136-141.
[77] 王军庄,常鲜戎,顾卫国. 基于 OCL 技术的 Oracle 数据库数据快速存取研究[J]. 电力系统保护与控制,2009,37(9):53-56.
[78] 王立公. 热轧带钢头尾形状自动识别及最佳剪切系统[J]. 鞍钢技术,2002(5):42-45.
[79] 王琳,商周,王学伟. 数据采集系统的发展与应用[J]. 电测与仪表,2004,41(8):4-8.
[80] 王明,侯思祖. 基于同步网的时间同步技术[J]. 电力系统通信,2006,27(7):38-40.
[81] 王强,赖宏. 带钢热连轧二级系统的对比分析[C]//中国金属协会冶金设备分会第二届第一次冶金设备设计学术交流会论文集. 大连,2013:121-123.
[82] 王文瑞. 宝钢 1580mm 热轧三电系统概述[J]. 冶金自动化,1997,21(6):5-11.
[83] 王欣明,金蓓弘,张昕. 用不对称的 P/V 操作设计并发算法[J]. 计算机工程与应用,2005,41(12):65-69.
[84] 王秀梅,王国栋,刘相华. 模糊控制在带钢轧制中的应用[J]. 钢铁研究,1999,27(3):42-45.
[85] 魏和平. 中厚板剪切线控制系统改进[J]. 山东冶金,2018,40(05):75-76.
[86] 魏青轩. PDA 数据采集系统在热连轧生产线的应用[D]. 太原:太原理工大学,2010.
[87] 魏伟,李扬,陈芳. 电力骨干通信网时间同步系统[J]. 电力系统通信,2011,32(1):10-15.
[88] 吴乐南. 数据压缩原理与应用[M],北京:电子工业出版社,2003.
[89] 谢图强,唐良晶,李柱. CCD 图象传感器在金属板坯头尾优化剪切中的应用[J]. 新技术新工艺,1994(3):2-4.
[90] 熊尚武,刘相华,王国栋,等. 热带粗轧机组立轧过程的三维有限元模拟[J]. 工程力学,1997,14(2):96-101.

[91] 熊尚武,朱祥霖,刘相华,等.热带粗轧机组立轧稳定轧制变形规律的实验研究和有限元分析[J].塑性工程学报,1997,4(1):60-66.

[92] 许春飞.一种热轧过程计算机系统集成中间件平台[J].计算机系统应用,2006,15(7):59-62.

[93] 薛福珍,林盛荣,唐 琰.基于 OPC 数据访问规范的客户端软件研究与开发[J].计算机工程,2002,28(4):229-231.

[94] 闫洪,周天瑞.塑性成形原理[M].北京:清华大学出版社,2006.

[95] 颜满堂.热轧带钢优化剪切系统的应用研究[D].东北大学,2007

[96] 颜云辉.机器视觉检测与板带钢质量评价[M].科学技术出版社,北京,2016.

[97] 杨传顺,袁建,李国华.分布式控制系统精确时钟同步技术[J].自动化仪表,2012,33(4):66-69.

[98] 杨恒,周平,黄少文,等.基于机器视觉的中厚板智能剪切系统研究与开发[J].冶金自动化,2022,46(1):34-43.

[99] 尹博,赵岳松.基于构件化操作系统的扩展的事件同步对象[J].计算机技术与发展,2007,17(4):201-203.

[100] 尹训强,尚超.提高钢板剪切质量的工艺研究及生产应用[J].科技信息,2010(18):382.

[101] 余海.鞍钢 1 780 mm 热轧带钢厂简介[J].轧钢,1998,15(4):18-22.

[102] 袁军,谭耘宇.热轧过程控制系统通信中间件的设计与应用[J],冶金自动化,2010,S2:368-371.

[103] 袁清波,赵健博,陈明宇,等.多核平台共享内存操作系统性能瓶颈分析及解决[J].计算机研究与发展,2011,48(12):2268-2276.

[104] 曾攀.有限元分析及应用[M].北京:清华大学出版社,2004.

[105] 张春杰,秦红波.京唐 2250 热轧过程控制系统的应用与研究[J].工业控制计算机,2009,22(9):68-69.

[106] 张春杰,秦红波.京唐 2250 热轧过程控制系统的应用与研究[J].工业控制计算机,2009,22(9):68-69.

[107] 张殿华,李建平,牛文勇,等.八机架窄带热连轧计算机控制系统[J].冶金自动化,2002,26(5):38-41.

[108] 张殿华,李建平,牛文勇,等.基于 S7-400PLC 的六机架热连轧机计算机控制系统[J].基础自动化,1999,6(5):7-11.

[109] 张殿华,彭文,孙杰,等.板带轧制过程中的智能化关键技术[J].钢铁研究学报,2019,31(2):174-179.

[110] 张殿华,孙超,张志新,等.板带材全流程智能化制备关键技术[J].河北冶金,2020(3):1-6.

[111] 张殿华,孙杰,丁敬国,等.基于 CPS 架构的板带热轧智能化控制[J].轧钢,2021,38(2):1-9.

[112] 张殿华,王国栋,王君,等.四机架热连轧机分布式计算机控制系统[J].冶金自动化,1998,22(2):9-12.

[113] 张殿华,王君,李建平,等.首钢中厚板轧机 AGC 计算机控制系统[J].轧钢,2001,18(1):51-55.
[114] 张福明,颉建新.首钢京唐 2 250 mm 热轧生产线采用的先进技术[J].轧钢,2012,29(1):45-49.
[115] 张浩,矫志杰,刘翠红,等.唐钢冷连轧机过程控制系统[J].东北大学学报(自然科学版),2007,28(10):1381-1384.
[116] 张进之.轧钢技术和装备国产化问题的分析与实现[J].冶金信息导刊,2000,37(6):22-27.
[117] 张树堂.21 世纪轧钢技术的发展[J].轧钢,2001,18(1):3-6.
[118] 张小平,秦建平.轧制理论[M].北京:冶金工业出版社,2006.
[119] 张训江,李德山.鄂钢 4 300 mm 中厚板轧机拟采用的工艺技术及装备[J],中厚板工程,2006,(3):9-11.
[120] 章顺虎,高彩茹,赵德文,等.MY 准则解析部分均布载荷下简支圆板极限载荷[J].东北大学学报(自然科学版),2013,34(2):235-239.
[121] 章顺虎,赵德文,高彩茹.GM 准则解析无缺陷弯管的塑性极限载荷[J].东北大学学报(自然科学版),2011,32(11):1570-1573.
[122] 章顺虎,赵德文,王力,等.MY 准则解线性和均布载荷下简支圆板的极限载荷[J].东北大学学报(自然科学版),2012,33(7):975-978.
[123] 赵德文,方琪,刘相华,等.一个与 Mises 轨迹覆盖面积相等的线性屈服条件[J].东北大学学报(自然科学版),2005,26(3):248-251.
[124] 赵德文,李桂范,刘凤丽.半无限体压入问题的流函数解法[J].金属成形工艺,1994,12(6):263-266.
[125] 赵德文,李桂范.半无限体压入的连续速度场解法[J].力学与实践,1992,14(1):71-73.
[126] 赵德文,李桂范.余弦模拉拔方棒速度场的曲面积分解法[J].数学的实践与认识,1999,29(4):44-49.
[127] 赵德文,刘相华,王国栋.依赖 Tresca 和双剪应力屈服函数均值的屈服准则[J].东北大学学报(自然科学版),2002,23(10):976-979.
[128] 赵德文,谢英杰,刘相华,等.由 Tresca 和双剪应力两轨迹间误差三角形中线确定的屈服方程[J].东北大学学报(自然科学版),2004,25(2):121-124.
[129] 赵德文.材料成形力学[M].沈阳:东北大学出版社,2002.
[130] 赵德文.成形能率积分线性化原理及应用[M].北京:冶金工业出版社,2012.
[131] 赵德文.连续体成形力数学解法[M].沈阳:东北大学出版社,2003.
[132] 赵志业.金属塑性变形与轧制理论[M].北京:冶金工业出版社,1980.
[133] 赵志业.金属塑性变形与轧制理论[M].北京:冶金工业出版社,1980:395.
[134] 赵志业王国栋.现代塑性加工力学[M].沈阳:东北工学院出版社,1986.
[135] 郑冬黎.一种简单的线程死锁检测方法及其 VC++应用[J].湖北汽车工业学院学报,2004,18(2):67-70.
[136] 周日升,李生红.Zip 压缩文件数据修复技术研究[J].电脑开发与应用,2005,18(10):

2-3.

[137] 周宇,佟丽华,过志伟.邯钢薄板坯连铸连轧的轧机区自动化系统总体配置[J].冶金自动化,2001,25(4):32-36.

[138] 朱敬鹏,乔丽,王铁柱.使用P、V操作解决经典进程同步问题[J].商丘师范学院学报,2005,21(2):95-97.

[139] 朱敏之.国外厚板生产工艺技术的进步[J].宽厚板,2000,6(3):39-42.

[140] CARRUTHERS-WATT B N,XUE Y Q,MORRIS A J. A vision based system for strip tracking measurement in the finishing train of a hot strip mill[C]//2010 IEEE International Conference on Mechatronics and Automation. August 4-7,2010,Xi'an, China. IEEE,2010:1115-1120.

[141] D D,WANG. Toward a heuristic optimum design of rolling schedules for tandem cold rolling Mills[J]. Engineering Applications of Artificial Intelligence,2000,13(4):397-406.

[142] DENG W,ZHAO D W,QIN X M,et al. Linear integral analysis of bar rough rolling by strain rate vector[J]. Journal of Iron and Steel Research International,2010,17(3):28-33.

[143] DI LEO G,LIGUORI C,PIETROSANTO A,et al. A vision system for the online quality monitoring of industrial manufacturing[J]. Optics and Lasers in Engineering,2017,89:162-168.

[144] DUKMAN,LEE. Application of neural-network for improving accuracy of roll-force model in hot-rolling mill[J]. Control Engineering Practice,2002,10(4):473-478.

[145] FRAGA C,GONZALEZ R C,CANCELAS J A,et al. Camber measurement system in a hot rolling mill[C]//Conference Record of the 2004 IEEE Industry Applications Conference,2004. 39th IAS Annual Meeting. October 3-7,2004,Seattle,WA,USA. IEEE,2004:897-902.

[146] HOR CHIOU-YI,WEN-CHIEN,YANG YUNG-YI,et al. The development of laser-based slab shape measureing system [J]. SEAISI Quarterly,2007,36(1):63-67.

[147] I S CHOI,J S BAE,J S CHUNG. Measurement and control of camber in hot rolling mills [J]. CAMP-ISIJ,2010,23:1053.

[148] JIM BEVERIDGE,ROBERT WIENER. Win32多线程程序设计:线程完全手册[M].侯捷,译.武汉:华中科技大学出版社,2002.

[149] JOHNSON W,KUDO H. The use of upper-bound solutions for the determination of temperature distributions in fast hot rolling and axi-symmetric extrusion processes [J]. International Journal of Mechanical Sciences,1960,1(2/3):175-191.

[150] KAZUNOBU T,YOSHIAKI N. Advanced electrical equipment for hot-rolling mills [J],Mitsubishi Electric ADVANCE,1997,(6) 2-4.

[151] KAZUNORI KATO,TADAO MUROTA,TOSHIHIKO KUMAGAI. Flat-rolling of rigid-perfectly plastic solid bar by the energy method [J],Jap. Soc Tech. Plasticity,1980,21(231):359-369

[152] KAZUO S, NORIYOSHI H. An industrial computer system for iron and steel plants [J],Mitsubishi Electric ADVANCE,1997,(6) 11-14.

[153] KAZUO S,SHIGEHIKO M. Computer systems for controlling steel plants [J], Mitsubishi Electric ADVANCE,2000,(12) 21-26.

[154] KELK. Accuband crop imaging system model C965C user's manual,2001.

[155] KIM Y K,KWAK W J,SHIN T J,et al. A new model for the prediction of roll force and tension profiles in flat rolling[J]. ISIJ International,2010,50(11):1644-1652.

[156] KÁRMÁN T V. 8. beitrag zur theorie des walzvorganges[J]. ZAMM - Journal of Applied Mathematics and Mechanics,1925,5(2):139-141.

[157] LIU C,HARTLEY P,STURGESS C E N,et al. Analysis of stress and strain distributions in slab rolling using an elastic-plastic finite-element method[J]. International Journal for Numerical Methods in Engineering,1988,25(1):55-66.

[158] LORIAN SCHAUSBERGER,ANDREAS STEINBOECK,ANDREAS KUGI,et al. Vision-Based Material Tracking in Heavy-Plate Rolling [J]. IFAC-PapersOnLine, 2016(49):20:108-113.

[159] M B. 斯德洛日夫, E. A. 波波夫. 金属压力加工原理[M],北京:机械工业出版社, 1984.

[160] M S CHUN. Using neural networks to predict parameters in the hot working of aluminum alloys[J]. Journal of Materials Processing Technology, 1999, 86(1/2/3): 245-251

[161] MITSUNORI H,NOBUCHIKA F. A control system for steel mills [J],Mitsubishi Electric ADVANCE,1997,(6) 15-17.

[162] N F PORTMANN, D LINDHOFF, G SORGEL, O GRAMCKOW. Application of neural networks in rolling mill automation [J], Iron Steel Eng. , 1995, 72 (2): 33 - 36.

[163] NEOGI N,MOHANTA D K,DUTTA P K. Review of vision-based steel surface inspection systems[J]. EURASIP Journal on Image and Video Processing,2014,2014(1):1-19.

[164] OKADO M,ARIIZUMI T,NOMA Y,et al. Width behavior of head and tail of slabs at edge rolling in hot strip Mills[J]. Tetsu-to-Hagane,1981,67(15):2516-2525.

[165] OROWAN E. The calculation of roll pressure in hot and cold flat rolling[J]. Proceedings of the Institution of Mechanical Engineers,1943,150(1):140-167.

[166] PICAN N,ALEXANDRE F,BRESSON P. Artificial neural networks for the presetting of a steel temper mill[J]. IEEE Expert,1996,11(1):22-27.

[167] R J MONTAGUE. A machine vision measurement of slab camber in hot strip rolling[J]. Journal of Materials Processing Technology,2005,168(1):172-180.

[168] S H ZHANG,D W ZHAO,C R GAO,et al. The calculation of roll torque and roll separating force for broadside rolling by stream function method[J]. International Journal of Mechanical Sciences,2012,57(1):74-78.

[169] S H ZHANG,D W ZHAO,C R GAO,et al. Analysis of asymmetrical sheet rolling by slab method[J]. International Journal of Mechanical Sciences,2012,65(1):168-176.

[170] S M HWANG,C G SUN,S R RYOO,et al. An integrated FE process model for precision analysis of thermo-mechanical behaviors of rolls and strip in hot strip rolling [J]. Computer Methods in Applied Mechanics and Engineering,2002,191(37/38):4015-4033.

[171] S. I. OH,S. KOBAYASHI. An approximate method for a three-dimensional analysis of rolling[J]. International Journal of Mechanical Sciences,1975,17(4):293-305.

[172] SANG JUN LEE,SANG WOO KIM,WOOKYONG KWON,et al. Selective Distillation of Weakly Annotated GTD for Vision-based Slab Identification System [J]. IEEE Access,2018.[doi:10.1109/ACCESS.2017]

[173] SHIMADA S,HAMAGUCHI M,SUGIYAMA M,et al. Development of camber meter in plate rolling[J]. IFAC Proceedings Volumes,2001,34(18):257-260.

[174] SIMS R B. The calculation of roll force and torque in hot rolling Mills[J]. Proceedings of the Institution of Mechanical Engineers,1954,168(1):191-200.

[175] TIEU A K,JIANG Z Y,LU C. A 3D finite element analysis of the hot rolling of strip with lubrication[J]. Journal of Materials Processing Technology,2002,125/126:638-644.

[176] V B GINZBURG,NAUM KAPLAN,FERELDOON BAKHTAR,et al. Width control in hot strip mills [J],Iron and Steel Engineer,1991,68:25-39.

[177] V. B. 金兹伯格. 高精度板带材轧制理论与实践[M]. 北京:冶金工业出版社,2000.

[178] W Y CHOO. New innovative rolling technologies for high value-added products in POSCP[C]. Proceedings of the 10th International Conference on Steel Rolling,Beijing,2010:68-73.

[179] Xiao-zhong,D U. Optimization of short stroke control preset for automatic width control of hot rolling mill[J]. Journal of Iron and Steel Research,International,2010,17(6):16-20.

[180] XIONG S W,LIU X H,WANG G D,et al. Simulation of slab edging by the 3-D rigid—plastic FEM[J]. Journal of Materials Processing Technology,1997,69(1/2/3):37-44.

[181] XIONG S W,LIU X H,WANG G D,et al. Simulation of slab edging by the 3-D rigid—plastic FEM[J]. Journal of Materials Processing Technology,1997,69(1/2/3):37-44.

[182] XIONG S W,RODRIGUES J C,MARTINS P F. Three-dimensional modelling of the vertical-horizontal rolling process[J]. Finite Elements in Analysis and Design,2003,39(11):1023-1037.

[183] XIONG S,LIU X,WANG G,et al. Simulation of vertical-horizontal rolling process during width reduction by full three-dimensional rigid-plastic finite element method

[J]. Journal of Materials Engineering and Performance, 1997, 6(6): 757-765.

[184] XIONG, SHANGWU. A three-dimensional finite element simulation of the vertical-horizontal rolling process in the width reduction of slab[J]. Journal of Materials Processing Technology, 2000, 101(1/2/3): 146-151.

[185] XU H, WANG J H. An extendable data engine based on OPC specification[J]. Computer Standards & Interfaces, 2004, 26(6): 515-525.

[186] YANG Y Y, CHEN C M, HO C Y, et al. Development of a camber measurement system in a hot rolling mill[C]//2008 IEEE Industry Applications Society Annual Meeting. October 5-9, 2008, Edmonton, AB, Canada. IEEE, 2008: 1-6.

[187] YANG Y Y, LINKENS D A, TALAMANTES-SILVA J, et al. Roll force and torque prediction using neural network and finite element modelling[J]. ISIJ International, 2003, 43(12): 1957-1966.

[188] YARITA. 金属轧制过程的压力和变形分析[M], 世界塑性加工最新技术译文集, 北京: 机械工业出版社, 1987.

[189] YU M H. Twin shear stress yield criterion[J]. International Journal of Mechanical Sciences, 1983, 25(1): 71-74.

[190] YU M H. Unified Strength Theory and Its Applications[M]. Xi' an: Xi' an Jiaotong University Press, 2003.

[191] YUN D, LEE D H, KIM J, et al. A new model for the prediction of the dog-bone shape in steel Mills[J]. ISIJ International, 2012, 52(6): 1109-1117.

[192] ZHAO D W, LI J, LIU X H, et al. Deduction of plastic work rate per unit volume for unified yield criterion and its application[J]. Transactions of Nonferrous Metals Society of China, 2009, 19(3): 657-660.

[193] ZHAO D W, XIE Y J, LIU X H, et al. Three-dimensional analysis of rolling by twin shear stress yield criterion[J]. Journal of Iron and Steel Research International, 2006, 13(6): 21-26.

[194] ZHAO D W, ZHANG S H, LI C M, et al. Rolling with simplified stream function velocity and strain rate vector inner product[J]. Journal of Iron and Steel Research International, 2012, 19(3): 20-24.

[195] ZHONG R Y, XU X, KLOTZ E, et al. Intelligent manufacturing in the context of industry 4.0: a review[J]. Engineering, 2017, 3(5): 616-630.